国家重点出版物出版规划项目 | 中国创客教育联盟 推荐

掌控创造营
掌控板趣味编程与搭建

■ 杜涛 李媛 著

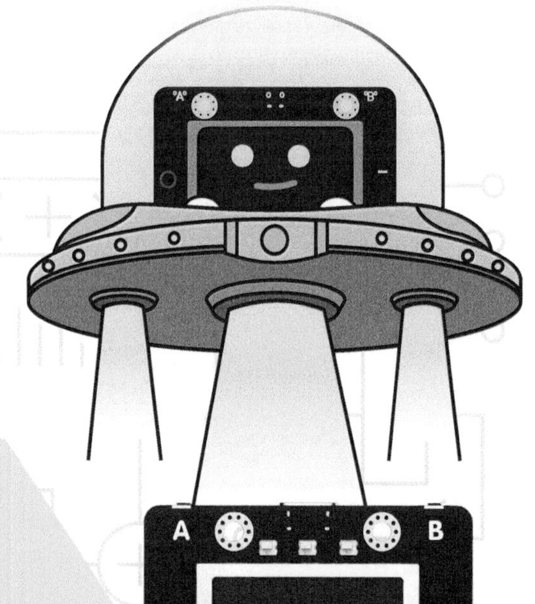

本书特色

- ☑ 14 课教你学会使用掌控板
- ☑ 立足开源硬件，充分挖掘掌控板的功能
- ☑ 聚焦学生信息技术核心素质的培养
- ☑ 从设计的角度思考，提升学生的逻辑思维能力

人民邮电出版社
北京

图书在版编目（C I P）数据

掌控创造营 ： 掌控板趣味编程与搭建 / 杜涛， 李媛
著. -- 北京 ： 人民邮电出版社， 2020.7
（创客教育）
ISBN 978-7-115-53737-9

Ⅰ. ①掌… Ⅱ. ①杜… ②李… Ⅲ. ①程序设计一青
少年读物 Ⅳ. ①TP311.1-49

中国版本图书馆CIP数据核字(2020)第052015号

内 容 提 要

本书以掌控板、掌控扩展板（掌控宝）及创客马拉松套件为支撑。掌控板作为一款普及 STEAM 教育、创客教育、人工智能教育、编程教育的开源智能硬件，集成 ESP32 高性能双核芯片，支持 Wi-Fi 和蓝牙双模通信，可作为物联网节点，实现物联网应用。它还集成多种外部扩展接口，支持图形化及 Python 代码编程，可实现智能机器人、创意“智”造等智能控制类应用。

本书精选 14 个案例，案例取材于生活中的具体问题，循序渐进介绍掌控板、掌控宝、创客马拉松套件的主要元器件和mPython 软件的用法，适合对掌控板及编程有一定基础的小学高年级和中学学生阅读。

◆ 著　杜 涛 李 媛
责任编辑　韩 蕊
责任印制　彭志环

◆ 人民邮电出版社出版发行　北京市丰台区成寿寺路 11 号
邮编　100164　电子邮件　315@ptpress.com.cn
网址　https://www.ptpress.com.cn
北京九州迅驰传媒文化有限公司印刷

◆ 开本：787×1092　1/16
印张：9.25　2020 年 7 月第 1 版
字数：187 千字　2024 年 9 月北京第 10 次印刷

定价：65.00 元

读者服务热线：(010)53913866　印装质量热线：(010)81055316
反盗版热线：(010)81055315
广告经营许可证：京东市监广登字 20170147 号

编委会

前　言

项目式学习（Project—Based Learning，PBL）是一种动态的学习方法。通过PBL，学生们主动探索现实世界的问题并迎接挑战，在这个过程中领会到更深刻的知识和技能。一个有质量的项目式学习必须具备五大核心要素：真实而有挑战性的问题、持续的探究和实践、指向大概念的核心知识、形成表明学习深度及凝结核心知识的公开产品、高阶思维的培育和迁移。我们将项目式学习和STEAM结合，聚焦学生高阶素养的培养，为孩子们的终身发展奠基。

随着我国基础教育课程领域的改革的深化，各地中小学和教育机构开始了对创客教育、STEAM教育、项目式学习的积极探索。创客教育不仅为中小学生带来了乐趣，现代化数字制造设备的普及、技术门槛的降低，都为学生解决问题提供了工具，为学生实现创意“智”造提供了技术，为学生学会学习提供了方法。特别是创客教育，以项目式学习为载体，以STEAM理念为支撑，能帮助学生掌握学习方法，形成高阶思维。本书便是一次教学案例的尝试，试图将无形的STEAM理念，转化成有形的项目，让学生在项目实施过程中运用多学科知识，了解项目实施流程，解决具体的问题。

本书以掌控板和掌控扩展板（掌控宝）及其创客马拉松套件为支撑，结合丰富的案例设计，将STEAM教育理念融入项目式学习之中。掌控板由中国电子学会现代教育技术分会创客教育专家委员会推出，是国内第一款专为编程教育而设计的开源硬件。掌控板作为一款普及STEAM、创客教育、人工智能教育、编程教育的开源智能硬件，集成ESP32高性能双核芯片，支持Wi-Fi和蓝牙双模通信，可作为物联网节点，实现物联网应用。它还集成多种外部扩展接口，支持图形化及Python代码编程，可实现智能机器人、创意“智”造等智能控制类应用。利用掌控板上丰富的传感器，结合它小尺寸的特点，还可以制作智能穿戴、电子饰品等各种DIY应用。本书采用的编程软件mPython与掌控板配套使用，兼容盛思Blue:bit系列传感器，支持图形化、代码两种编程模式，用户把鼠标一点，即可实现图形、代码的对应切换，反向读取掌控板内代码，自动反馈硬件代码报错信息等功能，还能通过mPython的仿真区，模拟程序运行时的硬件效果。除此之外，还可以结合硬件，利用mPython的图像识别功能对人、物进行灵活分类，通过语音识别功能抓取相应数据，进行反馈输出，实现互动交流。

作为一本创客马拉松套件配套用书，本书主要面向对掌控板及编程有一定基础的小学高年级和中学学生。内容上，本书精选的14个案例，均取材于生活中的具体问题，和传统文化、学科教学、现实生活等紧密联系。本书通过案例循序渐进地介绍了掌控板及

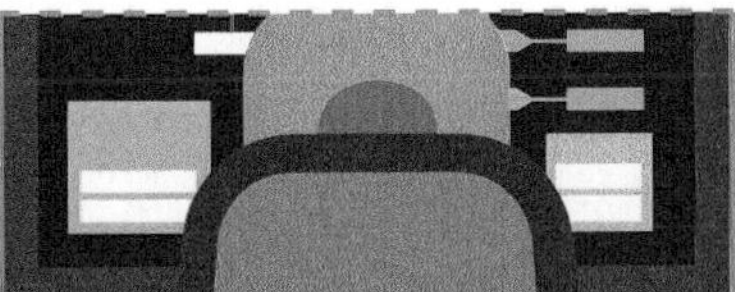

创客马拉松套件的主要元器件和 mPython 软件的主要使用方法，内容难度会根据制作难度、程序复杂度、元器件使用难度的上升而螺旋上升。结构设计方面，案例中既用到 3D 打印机、激光切割机等数字化制造设备，也鼓励学生们利用身边的 KT 板、冰棒棍、旧物等进行创作，特别是创客马拉松套件中红色金属件的应用，对结构的稳定、整体效果的呈现起到明显的作用。应用方面，案例设计从离线到无线，走向物联网应用。内容构成方面，本书通过“情境导入”“项目分析”“提出问题”“核心知识点”“方案规划”“方案构思”“项目实施”“迭代与升级”“分享与评价”9 个环节，引导学生们像科学家一样去思考，注重培养孩子们的问题意识、思维方式。

本书的编写，由武汉市东西湖区“基于创客理念的中小学 STEAM 教学策略研究”课题组成员和武汉市东湖新技术开发区创客教育团队共同完成。本书在编写过程中得到了武汉市光谷教育发展研究院沈爱贞院长、夏循藻副院长、程福军副院长，武汉市东西湖区信息技术教研员林嘉老师，武汉市光谷教育发展研究院陈克斌主任的悉心指导。团队成员以老带新，既有武汉市创客教育专家、武汉市吴家山第三中学科技信息处杜涛主任，武汉市光谷教育发展研究院信息技术教研员李媛老师，也有一批刚从事创客教育、STEAM 研究的年轻才俊，如果在项目的理论与实践中有不当之处，还请同行批评指正。

杜涛
2020 年 2 月

目 录

目 录

目 录

目　录

目 录

目 录

第 1 章　兔子元宵灯

元宵佳节点灯的习俗起源于汉朝，兔子灯是各式各样元宵灯中的一种（如图 1-1 所示），到了南北朝时期，在现在的江西省宁都县，兔子被视为吉祥之物，兔子灯所到之处亦是吉祥所到之处。经过几百年来的流传，点亮兔子灯成为元宵节的一种传统习俗。掌控板和掌控扩展板（掌控宝）有多种变换灯光的方法，我们可不可以用它来制作一盏眼睛会发光和转动的兔子元宵灯呢？

图1-1　常见的兔子元宵灯

1.1　项目分析

兔子的眼睛是红色的，我们利用 4 RGB LED 模块发出的红光表示兔子元宵灯的“眼睛”，再加上金属操纵杆，使兔子元宵灯动起来，如图 1-2 所示。要制作一盏兔子元宵灯，我们要考虑 3 个问题：一是怎样用按键控制 4 RGB LED 模块；二是如何利用 4 RGB LED 模块变换红光，实现兔子元宵灯的“眼睛”的转动效果；三是怎样使兔子元宵灯的头和身体动起来。

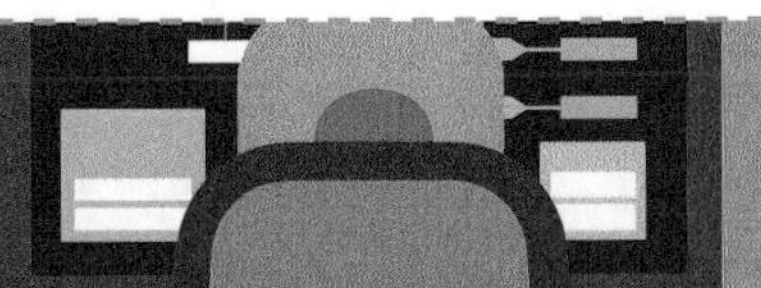

图1-2　兔子元宵灯案例

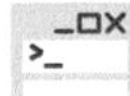

1.2　提出问题

1.2.1　问题清单

科学（S）	什么是光的三原色？
技术（T）	（1）如何连接才能使“兔子”的头和身体动起来？ （2）如何编程变换 4 RGB LED 模块发出的红光？
工程（E）	（1）选择什么材料制作兔子元宵灯？ （2）如何制作皮影兔子元宵灯？
艺术（A）	如何设计“兔子”身上的图案？
数学（M）	如何控制灯光变换次数和间隔时间？

1.3　核心知识点

1.3.1　光的三原色

红（R，Red）、绿（G，Green）、蓝（B，Blue）3 种色光无法被分解，故称“三原色光”。RGB 这 3 种颜色的组合（见图 1-3），几乎能形成所有的颜色。“三原色”中的两种等量混合可以得到更亮的中间色：黄（Yellow）、青（Cyan）、品红（Magenta），三种等量组合可以得到白色。

1.3.2　4 RGB LED模块

该模块单板级联 4 颗 RGB LED（见图 1-4），采用 LED 专用控制芯片 WS2812，支持单总线控制，仅需一个引脚即可控制所有 LED，不多占用引脚资源。它可实现 256 级亮度、16777216 种颜色的全真色彩显示。

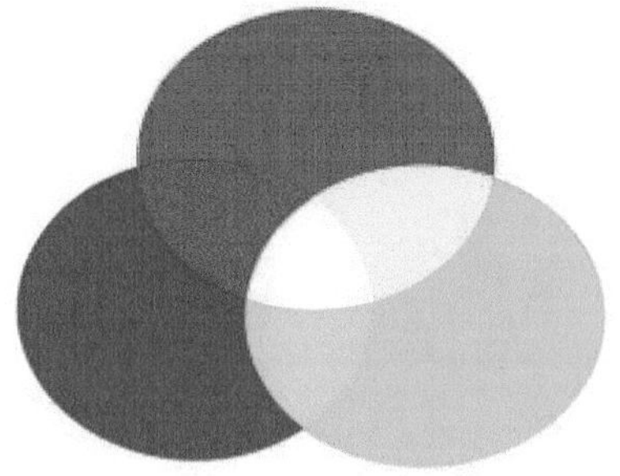

图1-3　光的三原色

图1-4　4 RGB LED模块

1.4　方案规划

1.4.1　功能分解

需求分析	所需元器件及主要策略	程序模块
需要制作兔子元宵灯的结构。	用 KT 板设计制作兔子元宵灯结构，把部件切割下来并固定“兔子”的头和身体。	
需要注意眼睛尺寸。	“兔子”眼睛的尺寸要和 4 RGB LED 模块的尺寸相匹配。	
操纵杆的连接。	在“兔子”头部和身体上部打孔，用棉线或者铁丝把它们连接在金属操纵杆上。	
需要掌握按键及 4 RGB LED 模块的接法。	按键接在 P15 引脚上，4 RGB LED 模块接在 P13 引脚上。	
判断按键被按下后 4 RGB LED 模块的情况。	通过串口打印的数字值（0 或者 1）判断按键被按下时相应引脚为高电平还是低电平。	打印 读取引脚 P15 数字值
设置 4 RGB LED 模块中点亮的 LED 的数量和颜色。	4 RGB LED 模块中 4 个 LED 的编号分别是 0、1、2、3，需要使用灯带积木控制。	灯带初始化 名称 my_rgb 引脚 P13 数量 4 灯带 my_rgb 0 号 颜色为

1.4.2 方案构思

草图设计	设计意图
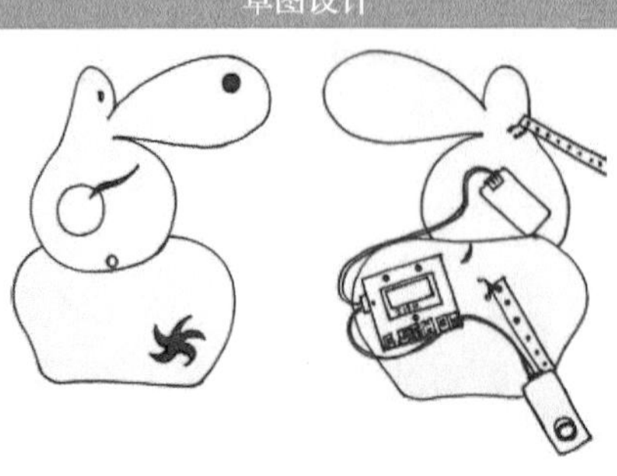 图1-5 兔子元宵灯设计草图	如图 1-5 所示，作品在外观设计上简洁大方，凸显了“兔子”眼睛部分，显得更加生动。兔子元宵灯上的图案设计十分美观，烘托出元宵佳节的喜悦气氛。
其他功能实现： 兔子元宵灯的眼睛不仅能实现转动的效果，还可以起到照明的作用。你也可以将皮影兔子元宵灯放在一张透光的幕布后面表演皮影戏。	

1.5 项目实施

1.5.1 制作兔子元宵灯

1. 设计制作兔子元宵灯外观

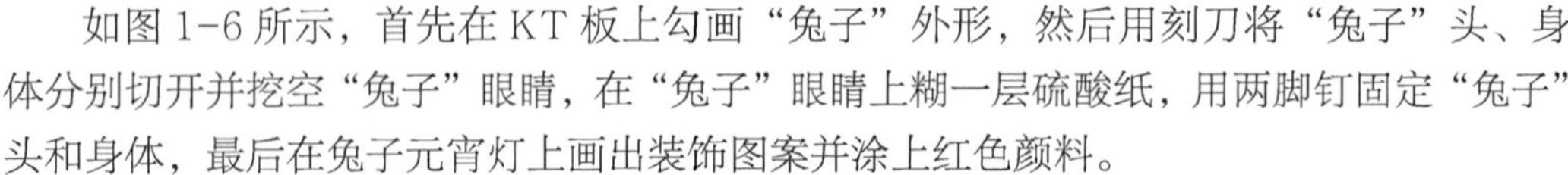

如图 1-6 所示，首先在 KT 板上勾画“兔子”外形，然后用刻刀将“兔子”头、身体分别切开并挖空“兔子”眼睛，在“兔子”眼睛上糊一层硫酸纸，用两脚钉固定“兔子”头和身体，最后在兔子元宵灯上画出装饰图案并涂上红色颜料。

图1-6 兔子元宵灯外观

2．安装金属操纵杆

如图 1-7 所示，在“兔子”头部上方和身体前方打孔，用棉线或者铁丝将它们连接在金属操纵杆上。

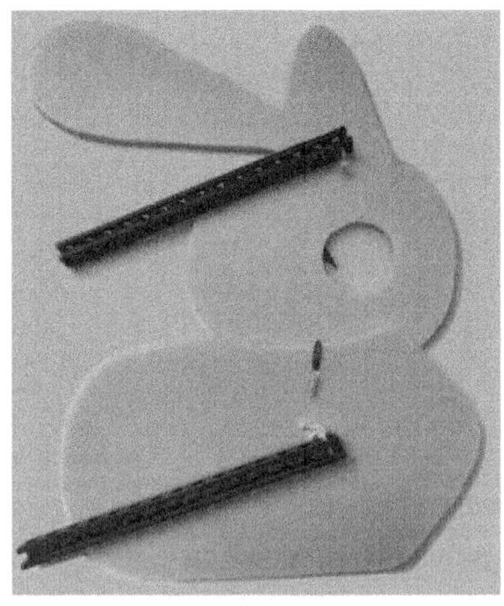

图1-7 操纵杆连接方法

1.5.2 电路连接

如图 1-8 所示，按键接在掌控宝（掌控板扩展版）背面标有“6 上”（侧面上方）的 P15 引脚上。4 RGB LED 模块接在掌控宝背面标有“5 下”（侧面下方）的 P13 引脚上。

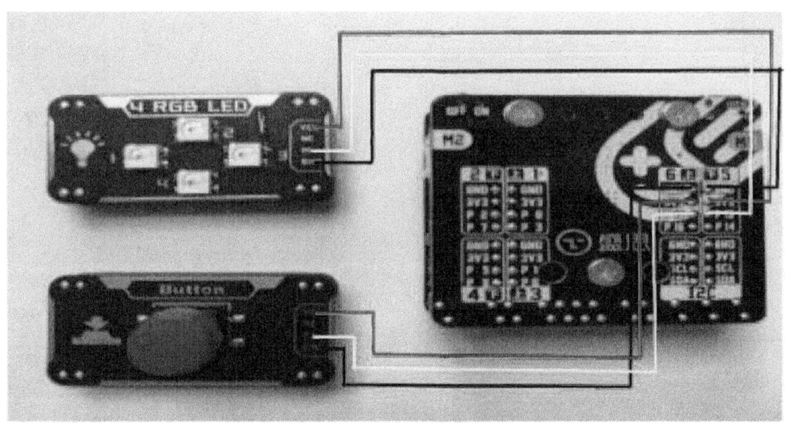

图1-8 电路连接示意图

注 意 连接杜邦线时要将黑色线接到 GND 引脚，红色线接到 VCC 引脚。

1.5.3 制作步骤

1. 如图 1-9 所示，将掌控宝与按键、4 RGB LED 模块连接完成后，再将其连接到计算机并打开 mPython 软件，打开扩展板开关，连接串口。

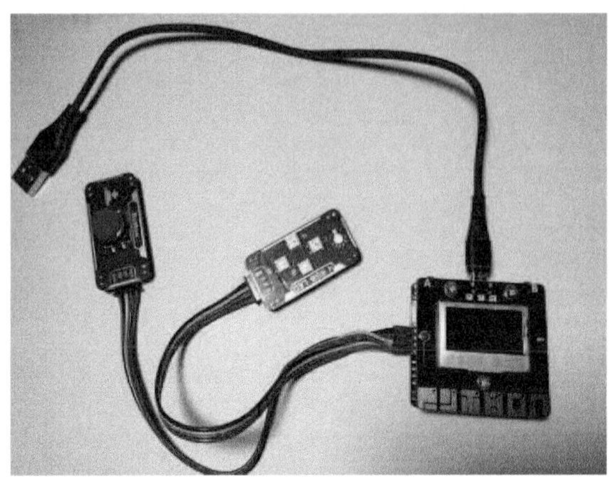

图1-9 元器件实物连接

2. 由于产品的批次不同，按键被按下的状态是不同的，因此，我们需要编写程序，通过串口打印 P15 引脚的数字值来检测按键被按下时相应引脚是高电平还是低电平，程序如图 1-10 所示。

图1-10 串口检测程序

本书示范所用套件中的按键被按下时读取到的数字值为 1（即高电平）。

1.5.4 程序编写

完整程序如图 1-11 所示。

1.5.5 程序解读

1. 按键控制 4 RGB LED 模块的程序

设置按下按键一次即循环执行 5 次 4 RGB LED 模块的亮灭。

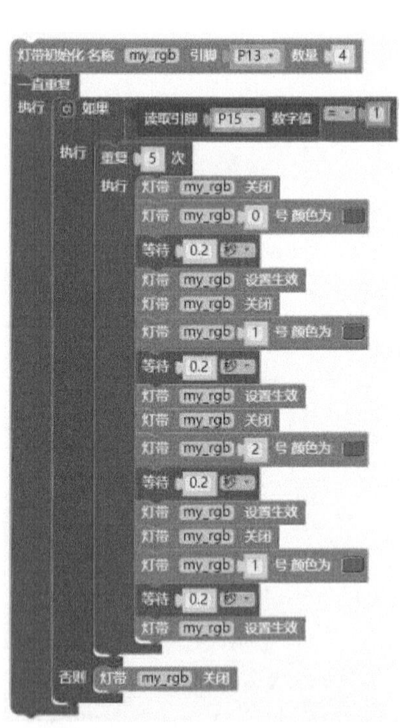

图1-11 按键控制4 RGB LED模块的程序

2．控制 4 RGB LED 的显示结果

在扩展中添加 Neopixel，然后选择“灯带初始化 my_rgb”积木，设置引脚为 P13，数量为 4，可显示输出 4 RGB LED 模块上的 0、1、2、3 号 RGB LED。

3．设置按键控制灯光转换效果

使用逻辑积木“如果…执行…否则…”，即当引脚 P15 的数字值为 1（按键被按下）时，4 个 RGB LED 依次点亮，否则 4 个 RGB LED 关闭。

4．设置 4 个 RGB LED 的颜色

依次设置 0 号、1 号、2 号、3 号 RGB LED 的颜色均为红色，要使每个 RGB LED 点亮，需加上“灯带 my_rgb 设置生效”积木。

5．设置灯光变换的等待时间

设置当 P15 引脚的数字值为 1 时，依次完成以下功能：0 号 RGB LED 亮红光，等待 0.2 秒关闭；1 号 RGB LED 亮红光，等待 0.2 秒关闭；2 号 RGB LED 亮红光，等待 0.2 秒关闭；3 号 RGB LED 亮红光，等待 0.2 秒关闭，实现“兔子”眼睛不停转动的效果。

1.5.6　组装与调试

用热熔胶枪将掌控板固定在兔子元宵灯身体背面，4 RGB LED 模块固定在“兔子”眼睛处，按键固定在金属操纵杆上（见图 1-12）。下载程序后，体验一下使用按键控制 4 RGB LED 模块的亮和灭，能否实现红灯闪烁变换 5 次的效果。

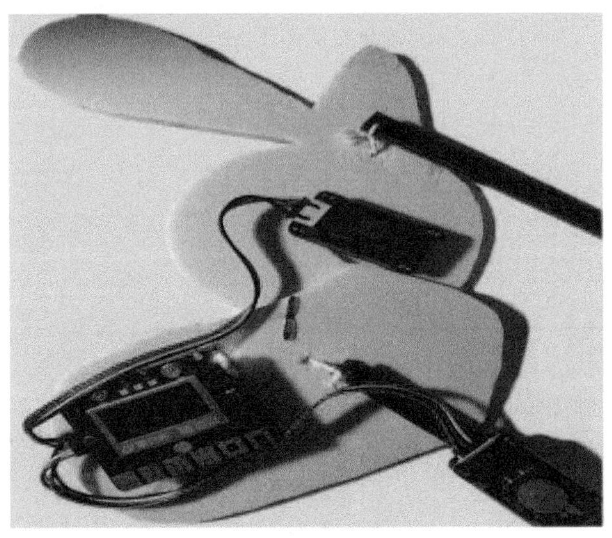

图1-12　组装兔子元宵灯

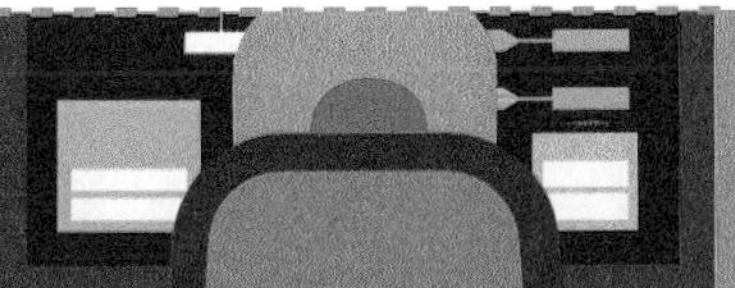

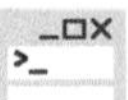

1.6 迭代与升级

每一件初创作品都有很大的改进空间，在制作过程中，大家一定能意识到作品的不足之处，那么，可以采用什么方式去进行改进呢？请在表 1-1 中进行记录。

表 1-1 作品优化记录表

不足之处	改进措施

1.7 分享与评价

1.7.1 我的分享

创客的精神在于分享，请你与别人展示、分享自己的作品，说一说你对该作品最满意的部分，并在表 1-2 中进行记录。

表 1-2 作品分享陈述表

分享内容	作品的设计过程	
	作品的制作过程	
	作品实现的功能	
如何分享	作品的设计独到之处	
	作品选材的优缺点	
	编程时遇到的问题	
	团队合作的心得	

1.7.2 我的反思

在项目实现过程中，我遇到了一些问题，在表 1-3 中记录遇到的问题和解决办法，便于以后出现类似问题时能更好地应对。

表 1-3　作品反思记录表

遇到的问题	解决办法

1.7.3　我的评价

请拿出你的画笔，在表 1-4 中填涂对自己的评价等级，5 颗星表示卓越，4 颗星表示优秀，3 颗星表示良好，2 颗星表示一般，1 颗星表示继续努力。

表 1-4　学习评价表

评价维度	评价标准	我的星数
项目作品	我能掌握 4 RGB LED 模块的用法	☆☆☆☆☆
	我的程序设计合理，能实现预期功能	☆☆☆☆☆
	我的作品结构牢固、美观、功能多样	☆☆☆☆☆
学习表现	我能主动探索，遇到问题能积极解决	☆☆☆☆☆
	我能与其他同学团结协作、分享交流	☆☆☆☆☆
	我能不断反思，对作品进行优化升级	☆☆☆☆☆

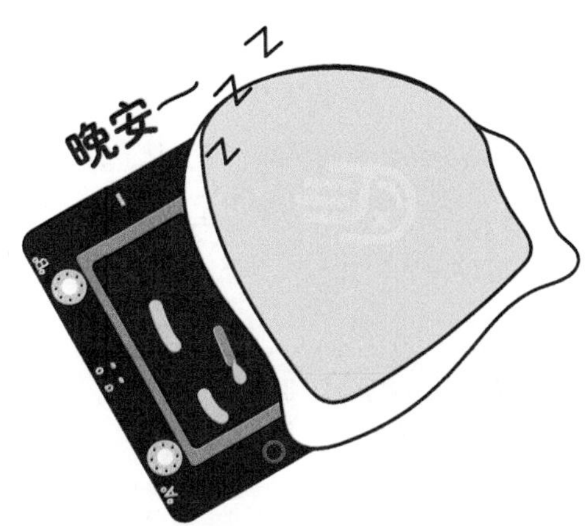

第2章 “聪明的”帽子

走夜路，或是独自在空旷黑暗的小道骑行时，容易产生强烈的危险感，生怕被粗心的司机开车撞到或自己撞到路人。如果能有顶神奇的夜光帽（见图 2-1）将是件多么美妙的事情。本次，我们将借助掌控板、掌控宝及创客马拉松套件中的灯带，让帽子亮起来，从而实现亮灯警示和模拟转向灯的功能，这样，我们再走夜路时就可以避免进入别人的视线盲区。

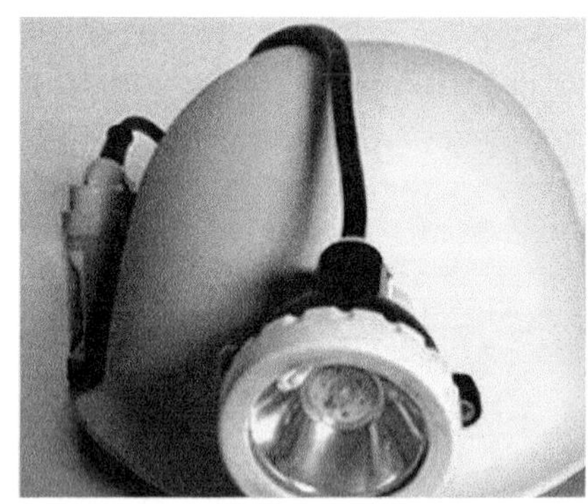

图2-1 带灯的安全帽

2.1 项目分析

“聪明的”帽子主要实现照亮道路及模拟转向灯的功能（见图 2-2、图 2-3）。要实现这些功能，需要解决三大问题：一是帽子上灯带的布局设计；二是如何点亮灯带及设置灯效；三是如何借助加速度计检测转向。

图2-2 “聪明的”帽子开启照明灯

图2-3 “聪明的”帽子开启转向灯

2.2 提出问题

2.2.1 问题清单

科学（S）	加速度计的工作原理是什么？
技术（T）	如何确定合适的加速度计角度值，从而触发转向灯功能？
工程（E）	（1）如何布局电子元器件使帽子和元器件搭配更合理、更科学？ （2）如何用最少的材料实现全部功能？
艺术（A）	如何对外观合理装饰，达到良好的视觉效果？
数学（M）	加速度计临界角度值设定为多少最合理？

2.3 核心知识点

2.3.1 光线传感器

光线传感器也叫作亮度感应器，英文名称为 Light Sensor，它的功能是感应光线强弱，光线传感器可将光线强弱转变为电信号，此电信号更可进一步做各种不同的开关及控制动作。

如图 2-4 所示，掌控板上的板载光线传感器属于模拟式光电传感器，即输出的电信号为模拟信号，它的工作原理是基于光电元件的光电特性的。在本项目中，经检测，掌控板板载光线传感器的数值输出范围是 0 ～ 4095。

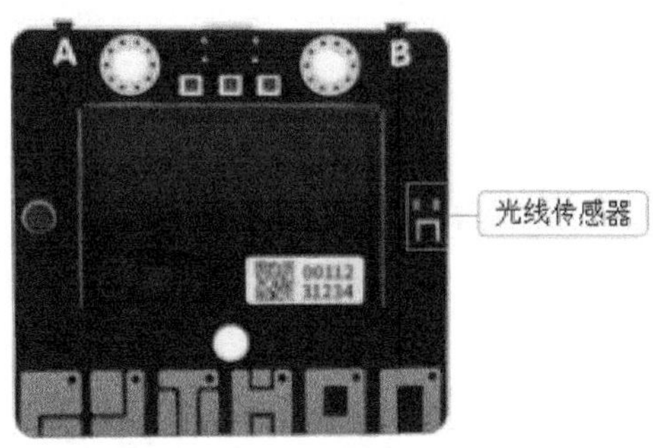

图2-4　光线传感器

2.3.2 三轴加速度传感器

三轴加速度传感器是基于加速度的基本原理去工作的，具有体积小和重量轻的特点，

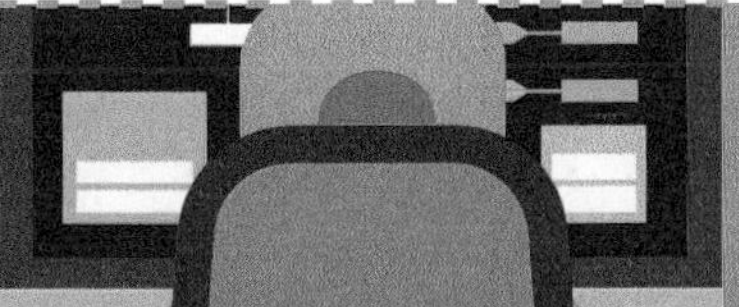

可以测量空间加速度，能够全面、准确反映物体的运动性质，在航空航天、机器人、汽车和医学等领域得到广泛应用。目前的三轴加速度传感器大多为压阻式、压电式和电容式，产生的加速度与电阻、电压和电容的变化成正比，通过相应的放大和滤波电路进行采集。三轴加速度传感器的原理和普通的单轴加速度传感器的原理是相同的，所以在一定的技术角度上，3 个单轴就可以变成一个三轴（见图 2-5）。

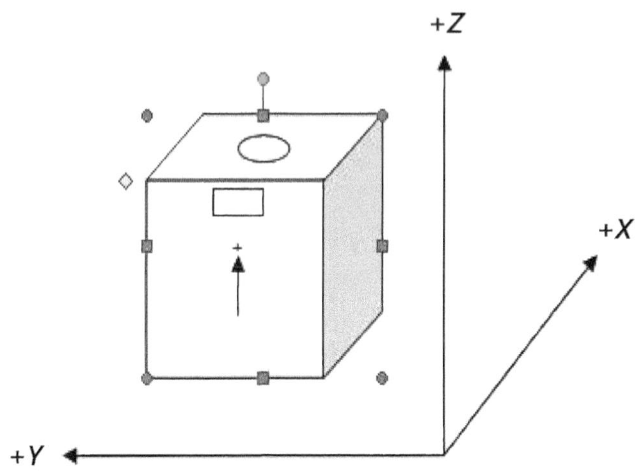

图2-5　三轴加速度传感器模型

2.4　方案规划

2.4.1　功能分解

需求分析	所需元器件及主要策略	程序积木
需要一顶可正常佩戴、配备灯带及掌控板的外观常规的帽子。	帽子可以手工制作，也可以直接购买。	
实现照明功能和模拟转向灯功能。	利用 WS2812 灯带和灯带相关程序实现。	灯带初始化 名称 my rgb 引脚 P13 数量 24 灯带 my rgb 全亮 红 220 绿 50 蓝 0 灯带 my rgb 2 号 红 255 绿 0 蓝 0 灯带 my rgb 设置亮度为 100 灯带 my rgb 设置生效 灯带 my rgb 关闭
寻找触发帽子亮灭的元器件、触发转向提示功能的元器件。	利用板载光线传感器触发帽子亮灭，利用板载三轴加速度传感器触发转向提示功能。	光线值 Y 轴倾斜角

2.4.2 方案构思

草图设计	设计意图
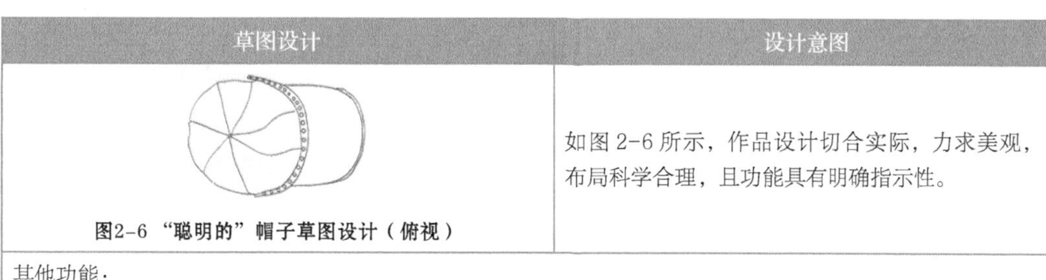 图2-6 “聪明的”帽子草图设计（俯视）	如图 2-6 所示，作品设计切合实际，力求美观，布局科学合理，且功能具有明确指示性。
其他功能： （1）在黑暗环境中，自动开启帽子上的灯带，起照明作用。 （2）头部偏转，加速度传感器检测到角度偏转，触发左右两侧灯单向亮灭，模拟转向灯功能。	

2.5 项目实施

2.5.1 角度测试

将掌控板及掌控宝竖直固定于帽子后侧，编写图 2-7 所示的程序并写入掌控板，对比头部向前后左右倾斜时，加速度计 Y 轴斜角值变化与倾斜方向的对应关系，进一步确定掌控板及掌控宝的固定角度及位置。这里，根据人们日常的头部摆动习惯，并依据 OLED 显示屏上所得数据，设定临界值为 10° 。

图2-7 测试加速度计斜角

2.5.2 电路连接

将灯带连接到掌控宝的 P13 引脚，如图 2-8 所示。

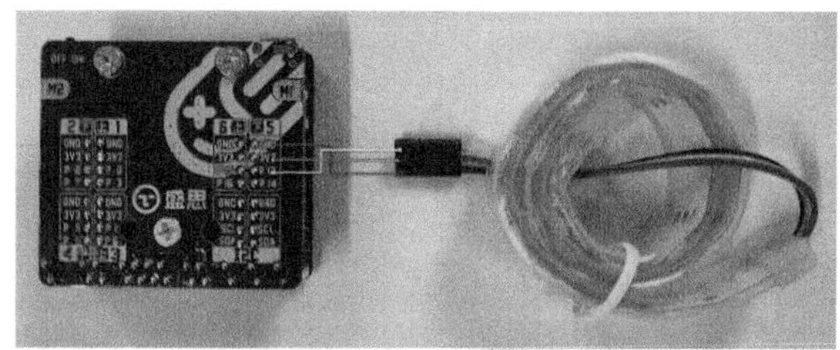

图2-8 连接灯带

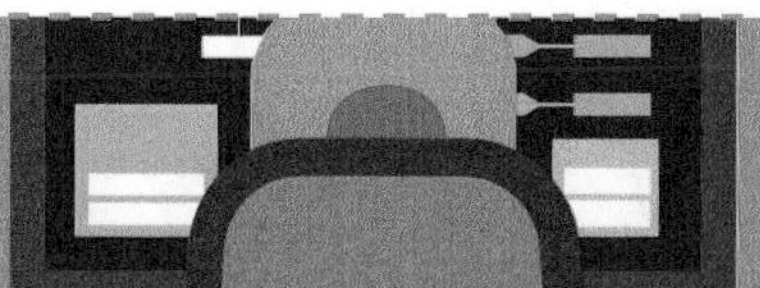

2.5.3 结构搭建

用热熔胶枪将掌控板及掌控宝依据角度测试所确定的方向固定到帽子上，灯带固定于帽子前方，如图 2-9 所示。

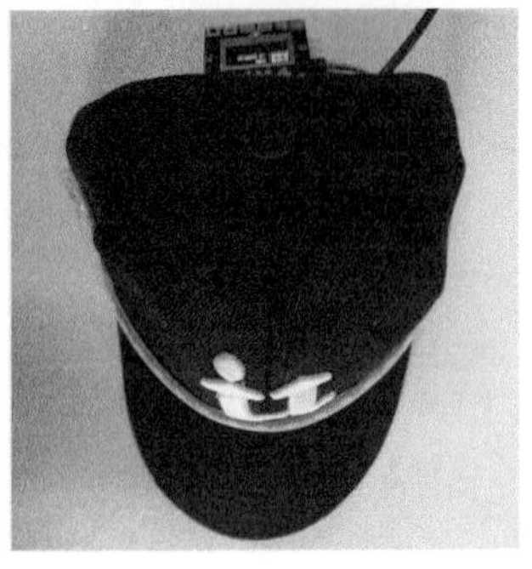
图2-9 固定掌控板及掌控宝和灯带

2.5.4 程序编写

完整程序如图 2-10 所示。

```
灯带初始化 名称 my_rgb 引脚 P13 数量 24
一直重复
执行 OLED 显示 清空
    显示文本 x 0 y 0 内容 "光线值:" 追加文本 模拟光线 模拟值引脚 P0  模式 普通
    显示文本 x 0 y 16 内容 "斜角值:" 追加文本 Y 轴倾斜角  模式 普通
    OLED 显示生效
    如果 模拟光线 模拟值引脚 P0 ≤ 30
    执行 灯带 my_rgb 全亮 红 220 绿 50 蓝 0
         灯带 my_rgb 设置亮度为 100
         灯带 my_rgb 设置生效
    否则如果 Y 轴倾斜角 ≥ 10
    执行 重复 5 次
         执行 灯带 my_rgb 0 号 红 255 绿 0 蓝 0
              灯带 my_rgb 1 号 红 255 绿 0 蓝 0
              灯带 my_rgb 2 号 红 255 绿 0 蓝 0
              灯带 my_rgb 设置亮度为 100
              灯带 my_rgb 设置生效
              等待 0.5 秒
              灯带 my_rgb 关闭
              等待 0.5 秒
    否则如果 Y 轴倾斜角 ≤ -10
    执行 重复 5 次
         执行 灯带 my_rgb 21 号 红 255 绿 0 蓝 0
              灯带 my_rgb 22 号 红 255 绿 0 蓝 0
              灯带 my_rgb 23 号 红 255 绿 0 蓝 0
              灯带 my_rgb 设置亮度为 100
              灯带 my_rgb 设置生效
              等待 0.5 秒
              灯带 my_rgb 关闭
              等待 0.5 秒
    否则 灯带 my_rgb 关闭
```

图2-10 “聪明的帽子”程序

2.5.5 程序解读

1．OLED 显示屏显示光线值及三轴加速度计 Y 轴倾斜角度值

掌控板 OLED 显示屏第一行显示光线值，第二行显示 Y 轴倾斜角度值。

2．开启照明灯

当板载光线传感器检测光线值小于等于 30 时，灯带全亮。

3．模拟转向灯

当加速度计 Y 轴倾斜角大于等于 10° 时，开启左转向灯，闪烁 5 次后灭灯；当加速度计 Y 轴倾斜角小于等于 -10° 时，开启右转向灯，闪烁 5 次后灭灯。

2.5.6 编译与调试

编译检查程序有无语法错误，如有则进行修改并重新编译，如没有则写入并运行程序，测试程序执行结果是否和预期一致。

2.6 迭代与升级

每一件初创作品都有很大的改进空间，在制作过程中，大家一定能意识到作品的不足之处，那么，可以采用什么方式去进行改进呢？请在表 2-1 中进行记录。

表 2-1 作品优化记录表

不足之处	改进措施

2.7 分享与评价

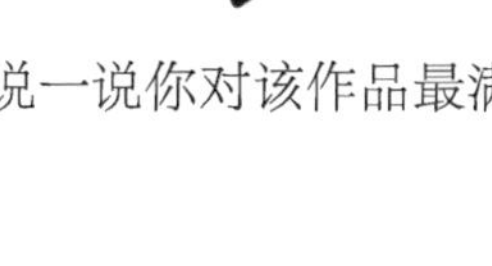

2.7.1 我的分享

创客的精神在于分享，请你与别人展示、分享自己的作品，说一说你对该作品最满意的部分，并在表 2-2 中进行记录。

表 2-2 作品分享陈述表

分享内容	作品的创新点	
	作品的功能演示	
	在作品制作过程中的反思	
如何分享	分享展示，需要做哪些准备	
	我的分享重点	

2.7.2 我的反思

在项目实现过程中，我遇到了一些问题，在表 2-3 中记录遇到的问题和解决办法，便于以后出现类似问题时能更好地面对。

表 2-3 作品反思记录表

遇到的问题	解决办法

2.7.3 我的评价

请拿出你的画笔，在表 2-4 中填涂对自己的评价等级，5 颗星表示卓越，4 颗星表示优秀，3 颗星表示良好，2 颗星表示一般，1 颗星表示继续努力。

表 2-4 学习评价表

评价维度	评价标准	我的星数
项目作品	我知道光线传感器和三轴加速度传感器的工作原理	☆☆☆☆☆
	我的程序设计合理，能达到预期效果	☆☆☆☆☆
	我的作品结构稳固，外观简洁，布局合理	☆☆☆☆☆
学习表现	我能主动探索，遇到问题积极解决	☆☆☆☆☆
	我能与其他同学团结协作，分享交流	☆☆☆☆☆
	我能不断反思，开拓思维	☆☆☆☆☆

第 3 章　手持电风扇

炎炎夏日，气温高得恼人，出门在外又不是处处都有空调。这时，有一款手持式电风扇（见图 3-1）就变得尤为重要了。有了掌控板及掌控宝和创客马拉松套件，我们完全可以设计制作一款自己专属的手持电风扇。

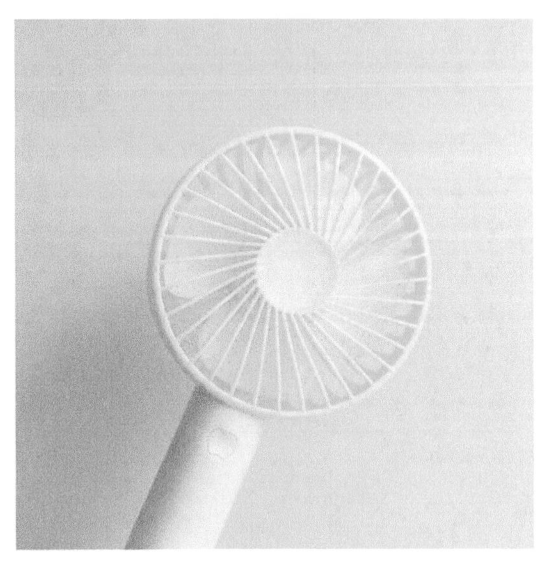

图3-1　生活中常见的手持电风扇

3.1　项目分析

如图 3-2 所示，要设计制作一个手持电风扇，我们必须要解决两大问题：一是利用输出设备产生风；二是设计一个控制装置，实现对风扇的控制。

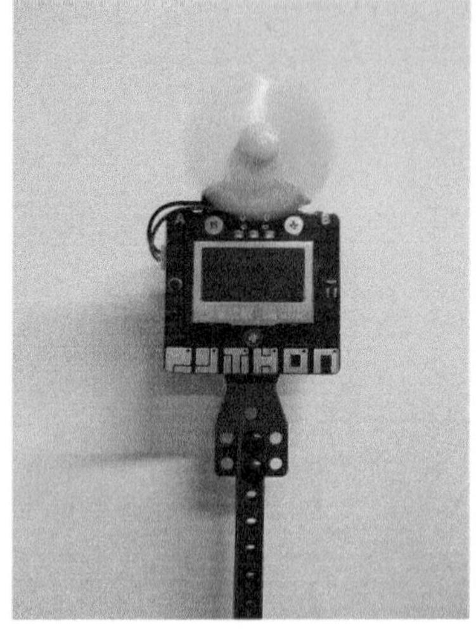
图3-2　手持电风扇案例

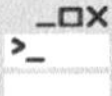

3.2　提出问题

3.2.1　问题清单

科学（S）	风是如何产生的？
技术（T）	如何控制风扇的转动？
工程（E）	（1）如何设计、制作风扇结构？ （2）如何用最少的材料实现功能？
艺术（A）	如何实现作品的小巧精致，如何进行外观的包装？
数学（M）	如何控制风扇的转速？

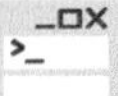

3.3　核心知识点

3.3.1　FF30电机（带风扇叶）

电动机（Motor），通常称作电机，是把电能转换成机械能的一种设备。电机工作原理是有电流通过的线圈在磁场中受力转动。按电源种类不同，电机分为直流电机和交流电机。图 3-3 所示的 FF30 电机是科技模型和教育装备中常见的一种直流电机。

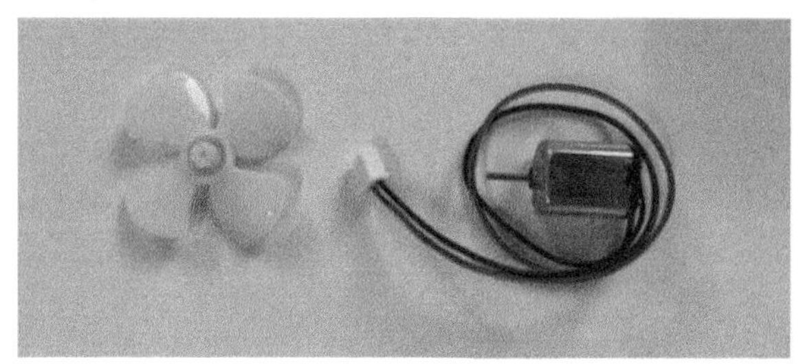

图3-3 FF30电机（带风扇）

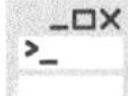

3.4 方案规划

3.4.1 功能分解

需求分析	所需元器件及主要策略	程序积木
需要设计一个风扇的控制装置。	用各种板载或外接传感器实现，本案例中用板载加速度计控制风扇。	X 轴加速度
需要设计、制作风扇结构。	用套件内的金属结构件或生活中的废弃物实现。	
需要让 FF30 电机转动。	利用模块编程实现。	扩展板 打开直流电机 M1 正转 速度 100

3.4.2 方案构思

草图设计	设计意图
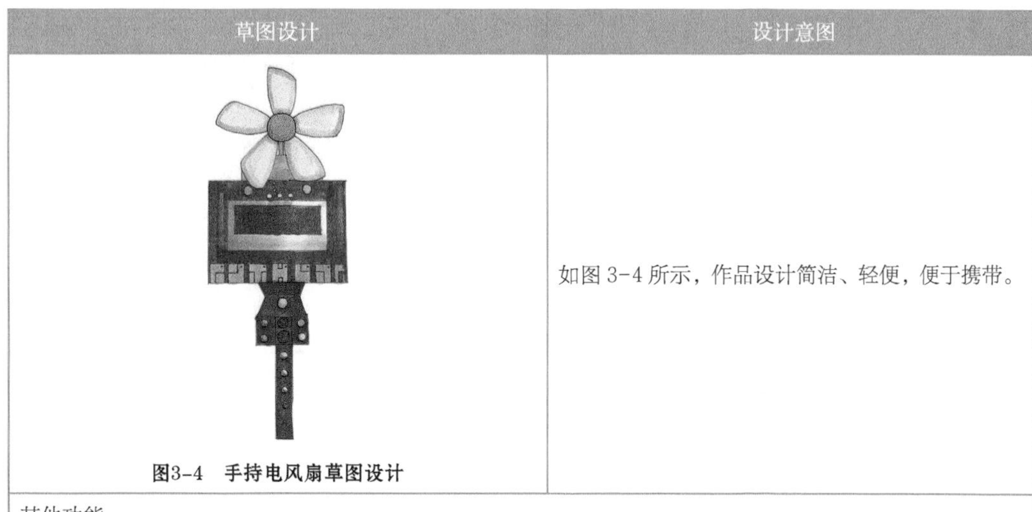 图3-4 手持电风扇草图设计	如图 3-4 所示，作品设计简洁、轻便，便于携带。
其他功能： 利用加速度计作风扇的控制装置，能起到一定的节能作用，当人手握风扇正立时，风扇才会转动，其他情况下风扇静止。	

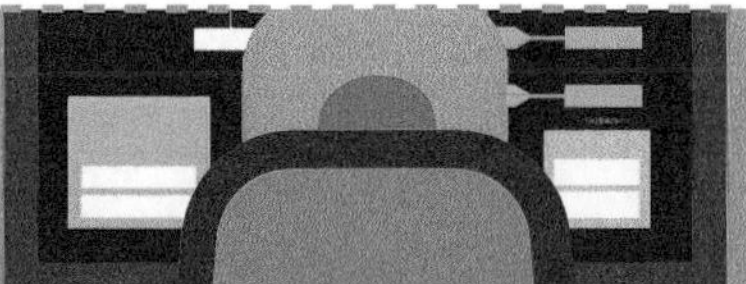

3.5 项目实施

3.5.1 电机测试

将 FF30 电机接在掌控宝的 M1 端口，编写图 3-5 所示的程序，我们发现电机向________（填写“前”或“后”）吹风，故而，想实现风扇吹风的效果，我们可以____________________。

扩展板 打开直流电机 M1 正转 速度 100

图3-5 控制电机转动积木

3.5.2 结构搭建

1. 用 M4×16mm 螺丝将图 3-6 所示的两个结构件进行固定。
2. 用 M4×8mm 螺丝将图 3-7 所示的结构件进行固定。

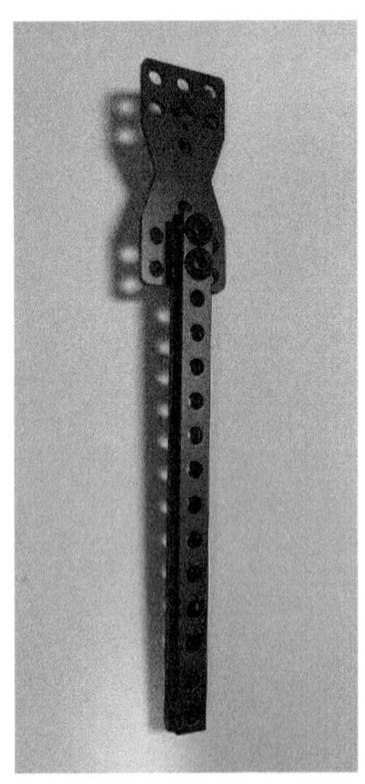

图3-6 制作手柄

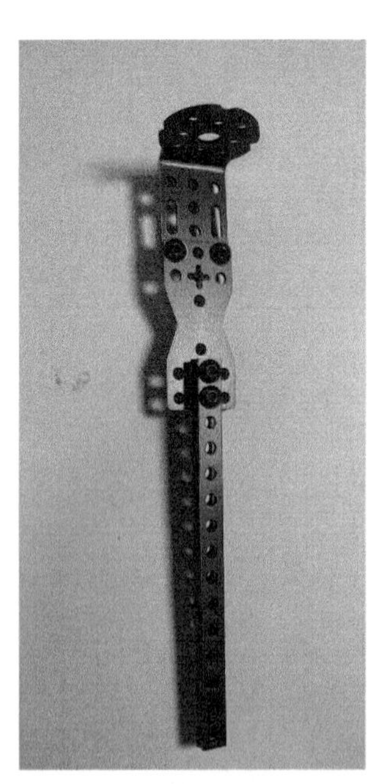

图3-7 制作电机固定结构

3. 用扎带固定 FF30 电机，如图 3-8 所示。
4. 用 S4090 尼龙铆钉固定掌控板和掌控宝，再剪掉第 3 步中多余的扎带，如图 3-9 所示。

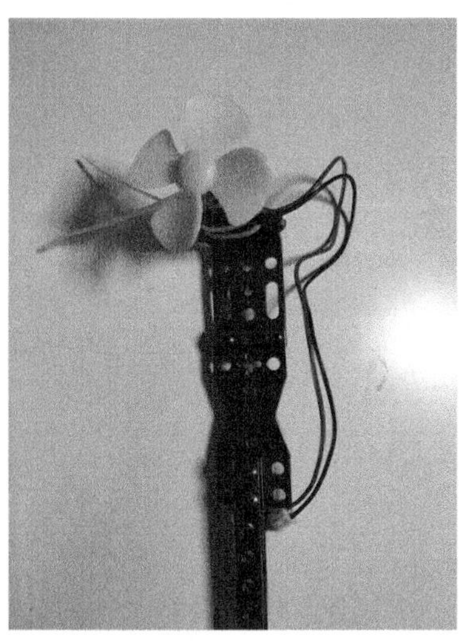

图3-8　安装风扇

图3-9　安装掌控板和掌控宝

3.5.3　电路连接

将 FF30 电机接在掌控宝的 M1 端口上，如图 3-10 所示。

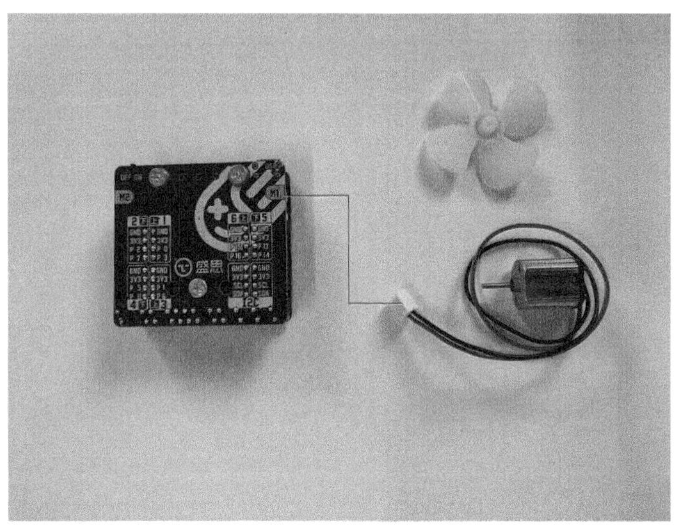

图3-10　电路连接

3.5.4　程序编写

完整程序如图 3-11 所示。

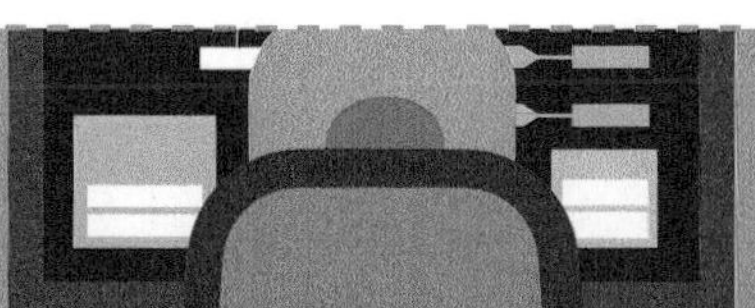

```
一直重复
执行 OLED 显示 清空
     OLED 第 1 行显示 转为文本 X 轴加速度 模式 普通
     OLED 显示生效
     如果 X 轴加速度 ≥ 0.8
     执行 扩展板 打开直流电机 M1 反转 速度 100
     否则 扩展板 打开直流电机 M1 反转 速度 0
```

图3-11　手持电风扇程序

3.5.5　程序解读

1．显示 X 轴加速度

在掌控板 OLED 显示屏的第一行显示 X 轴加速度。

2．控制 FF30 电机

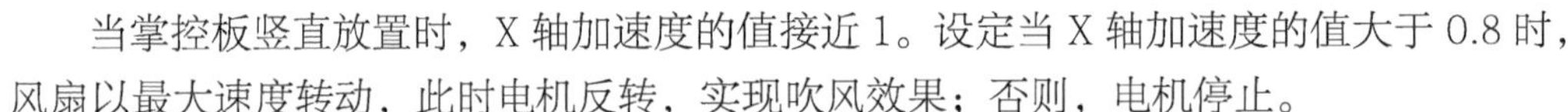

当掌控板竖直放置时，X 轴加速度的值接近 1。设定当 X 轴加速度的值大于 0.8 时，风扇以最大速度转动，此时电机反转，实现吹风效果；否则，电机停止。

3.5.6　组装与调试

写入程序后，感受一下小风扇的功能，和我们预期的有差距吗？

3.6　迭代与升级

每一件初创作品都有很大的改进空间，在制作过程中，大家一定能意识到作品的不足之处，那么，可以采用什么方式去进行改进呢？请在表 3-1 中进行记录。

表 3-1　作品优化记录表

不足之处	改进措施

3.7 分享与评价

3.7.1 我的分享

创客的精神在于分享，请你为别人展示、分享自己的作品，说一说你对该作品最满意的部分，并在表 3-2 中进行记录。

表 3-2 作品分享陈述表

分享内容	作品的创新点	
	作品的功能演示	
	在作品制作过程中的反思	
如何分享	分享展示，需要做哪些准备	
	我的分享重点	

3.7.2 我的反思

在项目实现过程中，我遇到了一些问题，在表 3-3 中记录遇到的困难和解决办法，便于以后出现类似问题时能更好地面对。

表 3-3 作品反思记录表

遇到的困难	解决办法

3.7.3 我的评价

请拿出你的画笔，在表 3-4 中填涂对自己的评价等级，5 颗星表示卓越，4 颗星表示

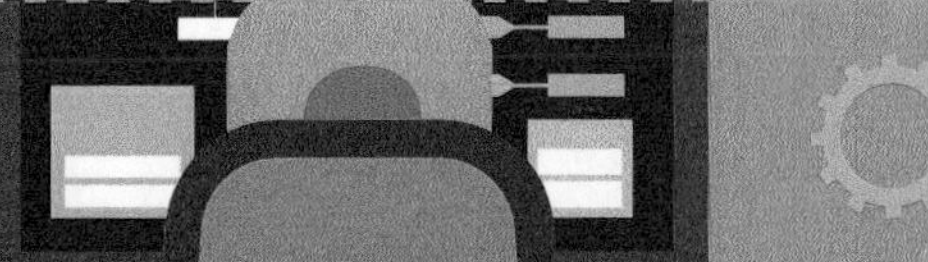

优秀，3 颗星表示良好，2 颗星表示一般，1 颗星表示继续努力。

表 3-4　学习评价表

评价维度	评价标准	我的星数
项目作品	我能掌握 FF30 电机和加速度计的用法	☆☆☆☆☆
	我的程序设计合理，能实现预期功能	☆☆☆☆☆
	我的作品结构稳固、外观简洁、功能实用	☆☆☆☆☆
学习表现	我能主动探索，遇到问题积极解决	☆☆☆☆☆
	我能与其他同学团结协作，分享交流	☆☆☆☆☆
	我能不断反思，形成一定的批判精神	☆☆☆☆☆

3.8　能力拓展

3.8.1　核心知识点

1．语音识别

语音识别技术，也被称为自动语音识别（Automatic Speech Recognition，ASR）技术，其功能是将人类语音中的词汇内容转换为计算机可读的输入，例如按键、二进制编码或者字符序列。自动语音识别与说话人的识别及确认功能不同，后者尝试识别或确认发出语音的人而非其中所包含的词汇内容。

语音识别技术的应用（见图 3-12）包括语音拨号、语音导航、室内设备控制、语音文档检索、简单的听写数据录入等。语音识别技术与其他自然语言处理技术（如机器翻译及语音合成技术）相结合，可以构建出更加复杂的应用，例如语音到语音的翻译。

图3-12　语音识别技术应用

2. Wi-Fi

Wi-Fi的中文翻译为“行动热点”或“无线网络”，“Wi-Fi”常被写成“WiFi”或“Wifi”，但是它们并没有被Wi-Fi联盟认可。智能手机、平板电脑和笔记本电脑大多支持Wi-Fi上网，Wi-Fi是当今使用最广的一种无线网络传输技术。图3-13所示是mPython中常用的Wi-Fi积木。

图3-13 mPython中常用的Wi-Fi积木

3.8.2 知识应用

在迭代升级环节中，大家有没有想过，可以利用语音识别技术给手持风扇进行升级呢？我们可以在结构、外观不变的情况下，利用软件中的语音识别功能去控制风扇的转动。

图3-14 语音识别程序示例

如图3-14所示，在对应的Wi-Fi积木中填好账号和密码，写入程序，按A键，对着掌控板分别说出“打开”“关闭”。能控制风扇的转动吗？试一试吧！

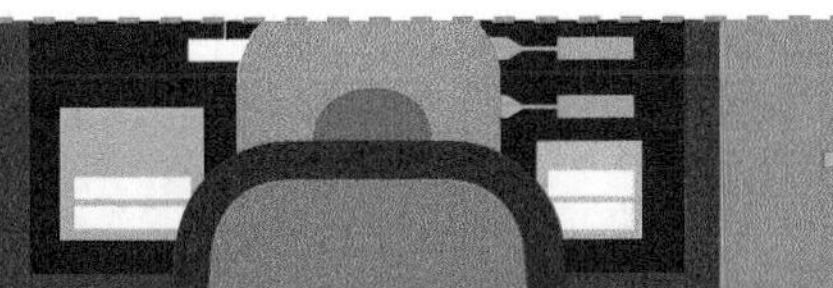

第 4 章　神奇的播放器

动画片一直备受小朋友们的喜爱，但是动画片背后的原理，大家了解吗？人眼在观察物体时，光信号传入大脑神经，需经过一段短暂的时间，光的作用结束后，视觉形象并不立即消失。也就是说，看一种东西，它就算消失了，我们的视觉神经对物体的印象不会立即消失。古代的走马灯，现代的电视机、电影和动画片（见图 4-1），都是这个原理的应用。今天，我们利用掌控板与创客马拉松套件，制作一个神奇的播放器吧！

图4-1　费纳奇镜（19世纪用于播放连续动画的设备）

4.1　项目分析

如图 4-2 所示，要设计制作一个神奇的播放器，我们必须要解决两大问题：一是如何控制播放器在转动时的平衡，二是掌控板及掌控宝放置在哪个位置才不影响播放的效果。

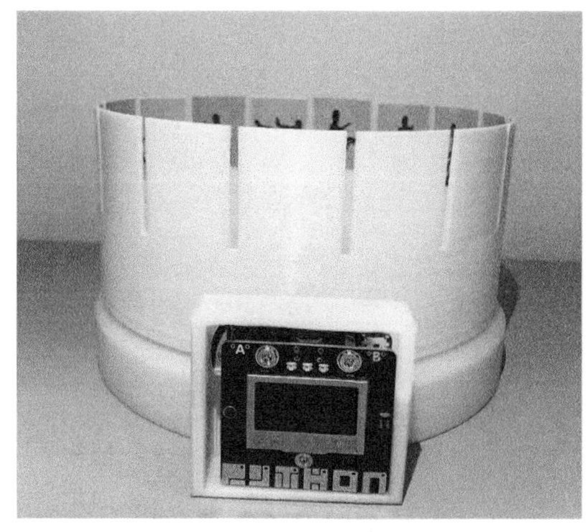

图4-2　神奇的播放器案例

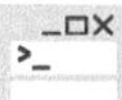

4.2　提出问题

4.2.1　问题清单

科学（S）	动画是如何产生的？
技术（T）	如何控制播放器的转动？
工程（E）	（1）如何设计播放器的结构？ （2）如何用最少的材料实现功能？
艺术（A）	如何实现作品的小巧精致，如何进行外观的包装？
数学（M）	如何控制播放器的转速？

4.3　核心知识点

4.3.1　TT电机

如图 4-3 所示，TT 电机是直流减速电机的一种，在普通直流电机的基础上，加上了配套齿轮减速箱。

齿轮减速箱的作用是提供较低的转速、较大的力矩。同时，齿轮箱不同的减速比可以提供不同的转速和力矩，这大大提高了直流电机在自动化行业中的使用率。减速电机是指减速机和电机的集成体。这种集成体通常也可称为齿轮电机。

减速机部分的部件：

根据类型不同会有较大差别，主要有齿轮、轴承、蜗轮、蜗杆等。

电机部分的部件：

定子：主磁极、换向极、机座、电刷装置。

转子：电枢铁心、电枢绕组、换向器、转轴。

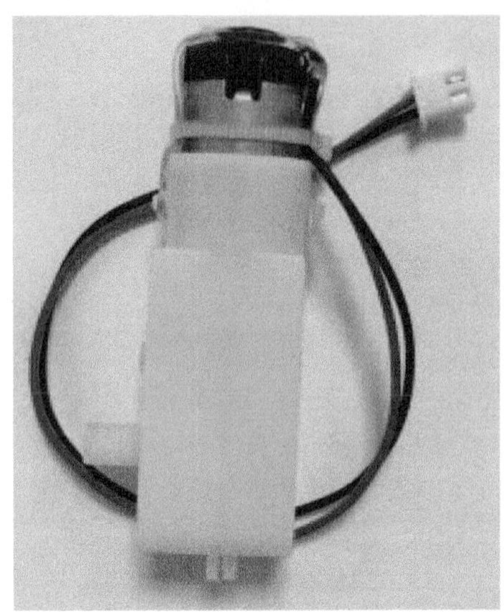

图4-3　TT电机

4.3.2　视觉暂留原理

人眼在观察景物时，光信号传入大脑神经，需经过一段短暂的时间，光的作用结束后，视觉形象并不立即消失，这种残留的视觉称“后像”，视觉的这一现象则被称为“视觉暂留”，见图 4-4。是光对视网膜所产生的视觉在光停止作用后，仍保留一段时间的现象，其具体应用是电影的拍摄和放映。

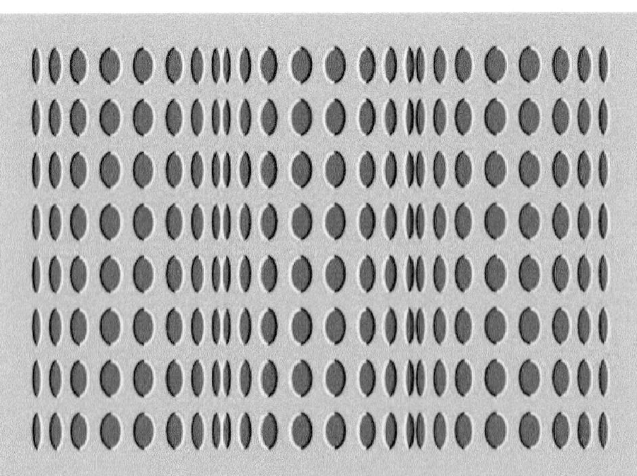

图4-4　视觉暂留现象示意图

4.3.3 触摸传感器

掌控板上有6个触摸传感器(见图4-5),从左到右依次为touchPad_P、touchPad_Y、touchPad_T、touchPad_H、touchPad_O、touchPad_N，我们可以通过它们发送命令。

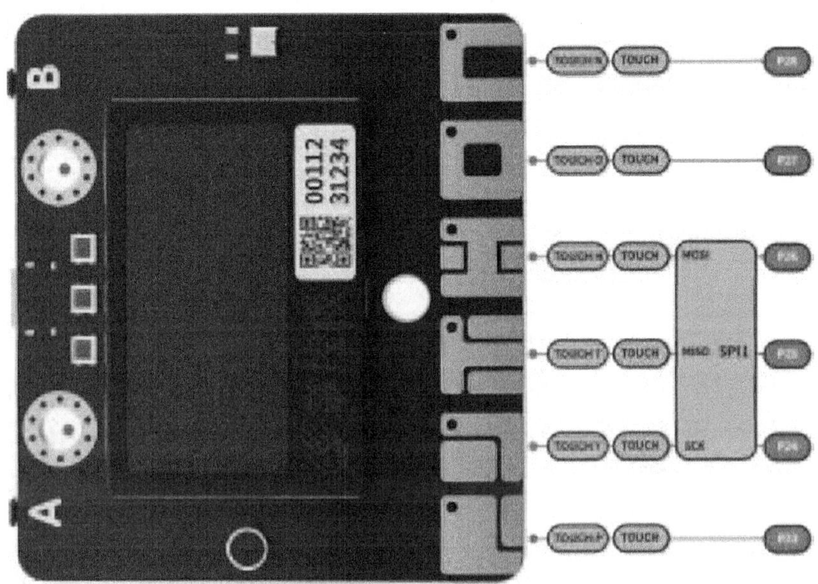

图4-5 掌控板与触摸传感器

 4.4 方案规划

4.4.1 功能分解

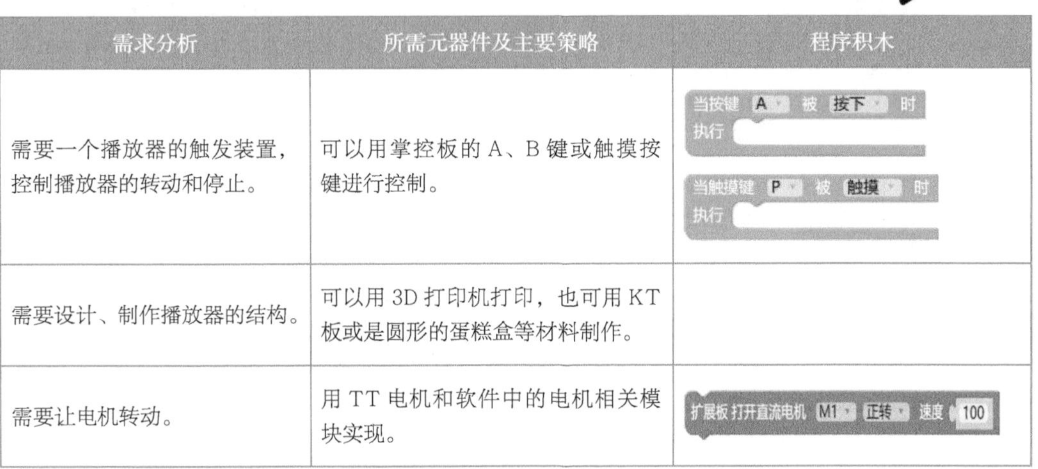

需求分析	所需元器件及主要策略	程序积木
需要一个播放器的触发装置，控制播放器的转动和停止。	可以用掌控板的A、B键或触摸按键进行控制。	当按键 A 被 按下 时 执行 当触摸键 P 被 触摸 时 执行
需要设计、制作播放器的结构。	可以用3D打印机打印，也可用KT板或是圆形的蛋糕盒等材料制作。	
需要让电机转动。	用TT电机和软件中的电机相关模块实现。	扩展板 打开直流电机 M1 正转 速度 100

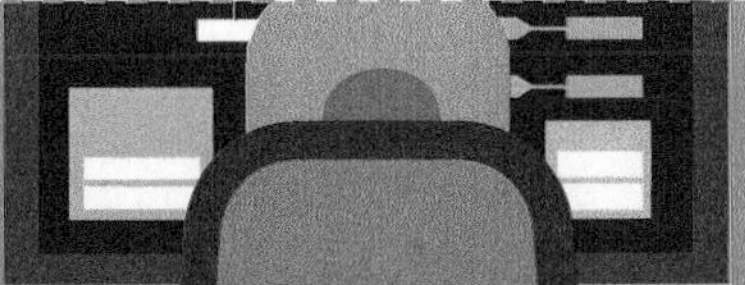

4.4.2 方案构思

草图设计	设计意图
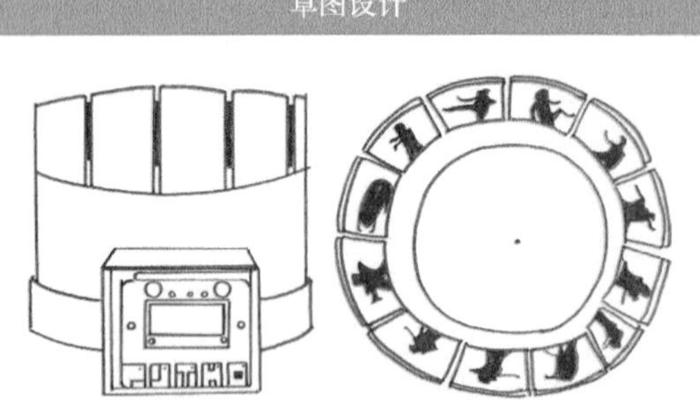 图4-6 神奇的播放器草图设计	如图 4-6 所示，作品设计参照费纳奇镜的形式，将一个圆形的转盘分成若干份，每一格里贴一张图片，格子之间留有一道狭缝。欣赏时，观察者对着转盘从狭缝中看画面，当转盘旋转时，狭缝中的图像就动起来了。
其他功能： 可以为动画配上同播放内容契合的音乐。	

4.5 项目实施

4.5.1 结构搭建

1. 用 3DOne 设计底座、转盘模型，如图 4-7 和图 4-8 所示。

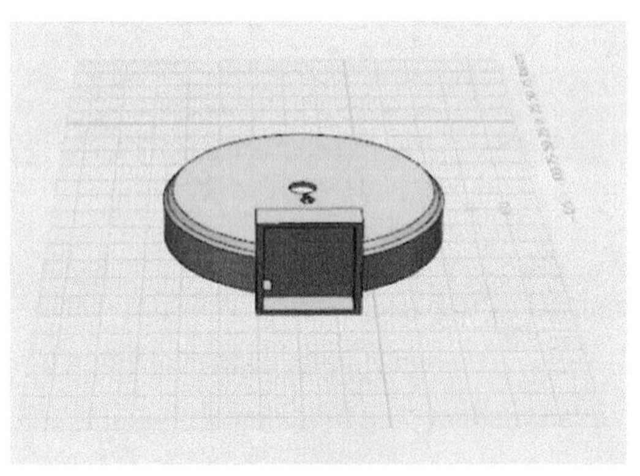

图4-7 底座模型

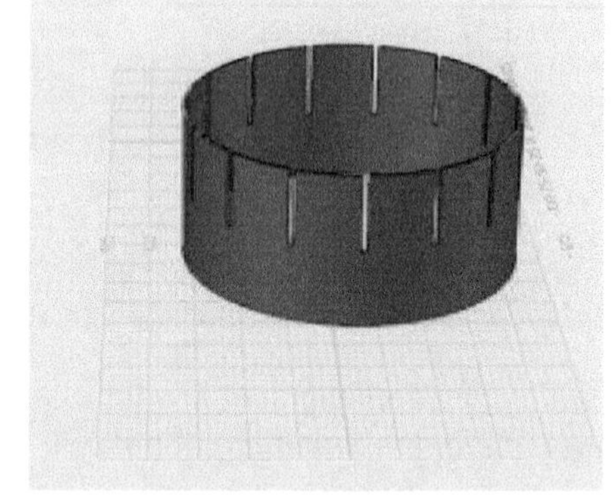

图4-8 转盘模型

2. 用 3D 打印机将底座和转盘的模型打印出来，用热熔胶将 TT 电机固定在播放器底座，如图 4-9 和图 4-10 所示。

3. 将“功夫”图片贴在转盘的格子上，如图 4-11 所示。

4. 安装掌控板和掌控宝，如图 4-12 所示。

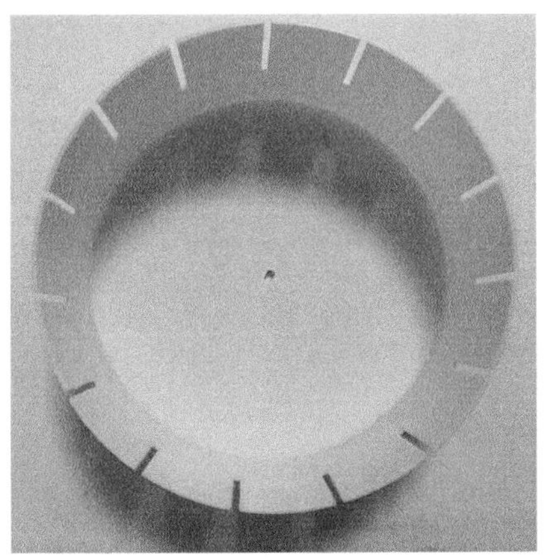

图4-9 底座

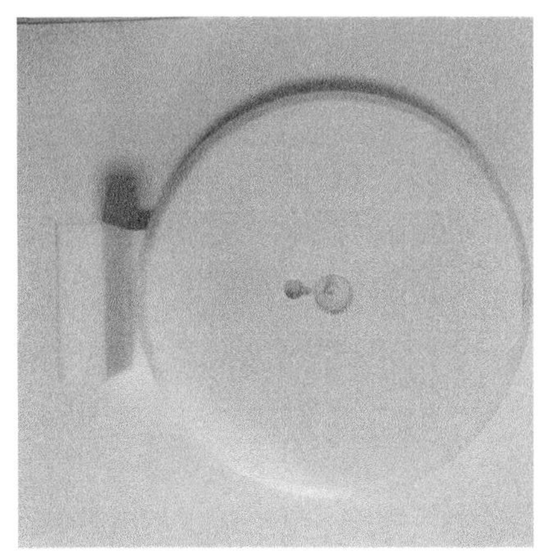

图4-10 转盘

图4-11 贴上图片后的转盘

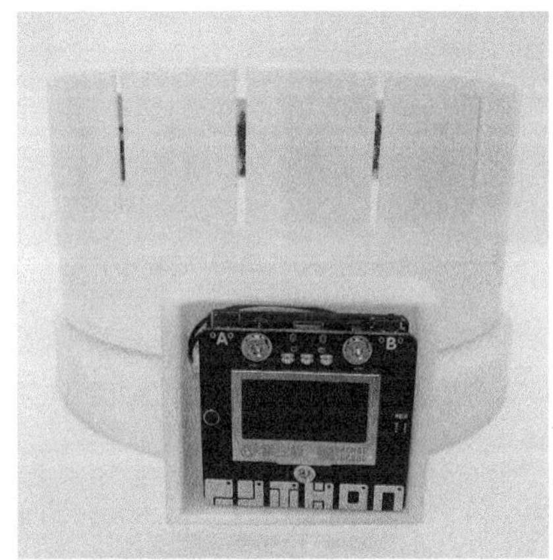

图4-12 安装掌控板和掌控宝

4.5.2 电路连接

将电机接在掌控宝的 M1 端口上，如图 4-13 所示。

图4-13 电路连接

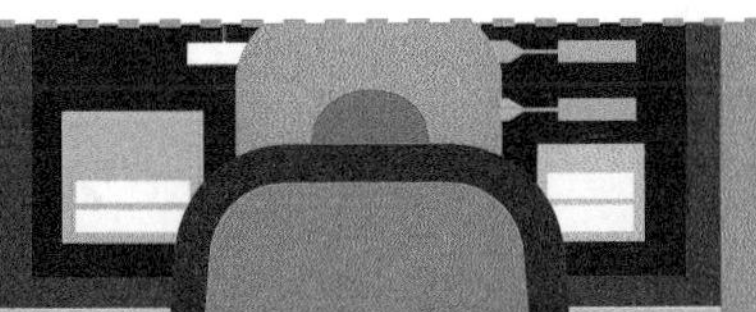

4.5.3 程序编写

完整程序如图 4-14 所示。

图4-14 神奇的播放器的程序

4.5.4 程序解读

1. 根据需要找连续动作的图片（15 张），用画图编辑软件把图片的分辨率设置成高 64 像素，宽自动，保存为 .png 格式，例如 1.png。

2. 利用在线网络资源把 15 张 .png 格式的图片转换成 .pbm 格式，接着将转换成 .pbm 格式的图片下载到计算机中，如图 4-15 所示。

图4-15 .pbm格式的图片

3. 将已转换的 .pbm 格式的图片逐一上传到掌控板的根目录下备用，如图 4-16 所示。

图4-16 根目录

4. 利用掌控板的按键 P 键、O 键控制播放器，触摸 P 键，暂停播放器；触摸 O 键，启动播放器。

5. 定义一个变量 a，当变量 a 的值为 1 时，播放器处于关闭状态，此时掌控板上显示"神奇的播放器"；当变量 a 的值为 0 时，播放器的转盘开始转动，随着转盘的转动，透过转盘上的缝隙可以看到一个人练掌的动画效果，掌控板上显示我们导入掌控板文件系统中的图片。

4.5.5 组装与调试

写入程序，让播放器动起来，效果和我们预期的有差距吗？

4.6 迭代与升级

每一件初创作品都有很大的改进空间，在制作过程中，大家一定能意识到作品的不足之处，那么，可以采用什么方式去进行改进呢？请在表 4-1 中进行记录。

表 4-1 作品优化记录表

不足之处	改进措施

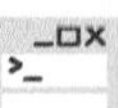

4.7 分享与评价

4.7.1 我的分享

创客的精神在于分享，请你为别人展示、分享自己的作品，说一说你对该作品最满意的部分，并在表 4-2 中进行记录。

表 4-2 作品分享陈述表

分享内容	作品的创新点	
	作品的功能演示	
	在作品制作过程中的反思	
如何分享	分享展示，需要做哪些准备	
	我的分享重点	

4.7.2 我的反思

在项目实现过程中，我遇到了一些问题，在表 4-3 中记录遇到的问题和解决办法，便于以后出现类似问题时能更好地应对。

表 4-3 作品反思记录表

遇到的问题	解决办法

4.7.3 我的评价

请拿出你的画笔，在表 4-4 中填涂对自己的评价等级，5 颗星表示卓越，4 颗星表示优秀，3 颗星表示良好，2 颗星表示一般，1 颗星表示继续努力。

表 4-4 学习评价表

评价维度	评价标准	我的星数
项目作品	我能掌握 TT 电机的用法	☆☆☆☆☆
	我的程序设计合理，能实现预期功能	☆☆☆☆☆
	我的作品外观具有一定的观赏性	☆☆☆☆☆
学习表现	我能主动探索，遇到问题积极解决	☆☆☆☆☆
	我与其他同学团结协作，分享交流	☆☆☆☆☆
	我能不断反思，形成一定的批判精神	☆☆☆☆☆

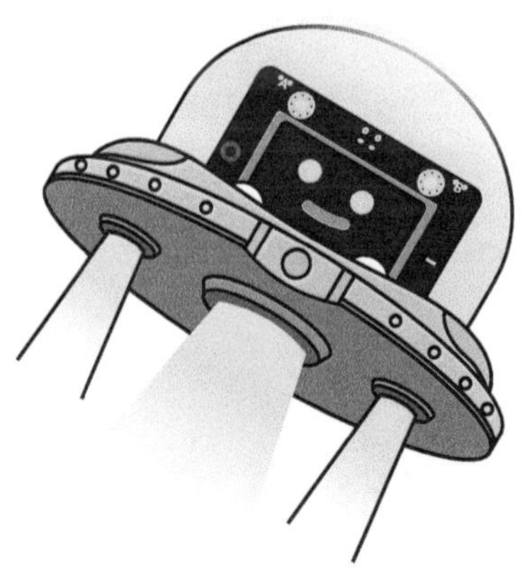

第 5 章　色彩检测仪

小明的妈妈是一名服装厂的布料验收员，平常的工作就是将工人们采购回来的布匹与工厂指定的布匹样品进行颜色对比。长年累月地靠眼睛工作，让她练就了一双“火眼金睛”，只要过了她的眼睛的布匹，95% 以上是合格品。小明心疼妈妈工作太辛苦，想送给妈妈一个礼物。正好小明在学校参加了创客社团，接触了颜色传感器，他想通过所学的知识，利用掌控板和颜色传感器做一款色彩检验仪，如图 5-1 所示，希望它能够不受外部光线影响，准确判断色彩，帮助妈妈完成工作，减少妈妈用眼的时间。

图5-1　市面上的色彩检测仪

5.1　项目分析

图5-2　色彩检测仪案例

如图 5-2 所示，要设计制作一款色彩检测仪，我们要解决的主要问题是如何使用颜色传感器。

5.2 提出问题

5.2.1 问题清单

科学（S）	测试颜色的原理是什么？
技术（T）	如何避免测试颜色时受到外部光线的影响？
工程（E）	（1）如何设计色彩检测仪的结构？ （2）如何用最少的材料实现功能？
艺术（A）	如何实现作品的外观设计？
数学（M）	如何计算颜色偏差？

5.3 核心知识点

5.3.1 颜色传感器

不同颜色的物体对于不同色光反射率不同，颜色传感器的原理是分辨物体颜色的RGB分量，即分别测试出红、绿、蓝色的亮度值。如图5-3所示，本项目中的颜色传感器采用I^2C接口通信，操作简单，可以直接输出被测物体的RGB分量值。

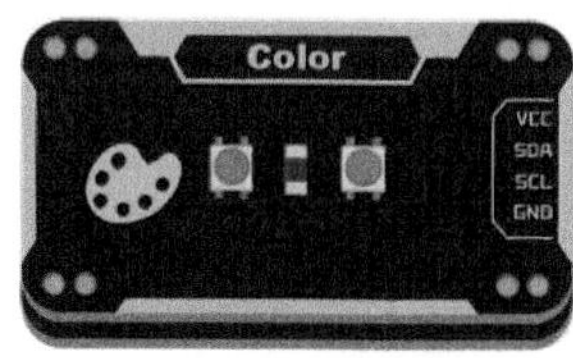

图5-3 颜色传感器

5.4 方案规划

5.4.1 功能分解

需求分析	所需元器件及主要策略	程序积木
需要设计、制作色彩检测仪结构。	可以使用3D打印的部件或KT板等材料进行制作。	
获取被测试颜色的R、G、B分量值。	颜色传感器、软件中测试单个RGB颜色分量的积木。	I2C RGB 颜色 红 I2C RGB 颜色 绿 I2C RGB 颜色 蓝

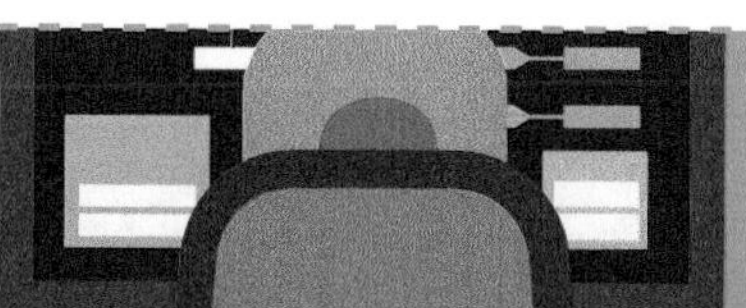

续表

需求分析	所需元器件及主要策略	程序积木
将获取的 R、G、B 分量的值通过 RGB LED 显示出来。	掌控板 RGB LED、软件中的RGB LED设置积木。	设置 0# RGB 灯颜色为 R I2C RGB 颜色 红 G I2C RGB 颜色 绿 B I2C RGB 颜色 蓝
将测试颜色与标准色进行比较。	利用数学公式进行计算。	R0 × 0.95 ≤ R1 和 R1 ≤ R0 × 1.05 和 G0 × 0.95 ≤ G1 和 G1 ≤ G0 × 1.05 和 B0 × 0.95 ≤ B1 和 B1 ≤ B0 × 1.05

5.4.2 方案构思

草图设计	设计意图
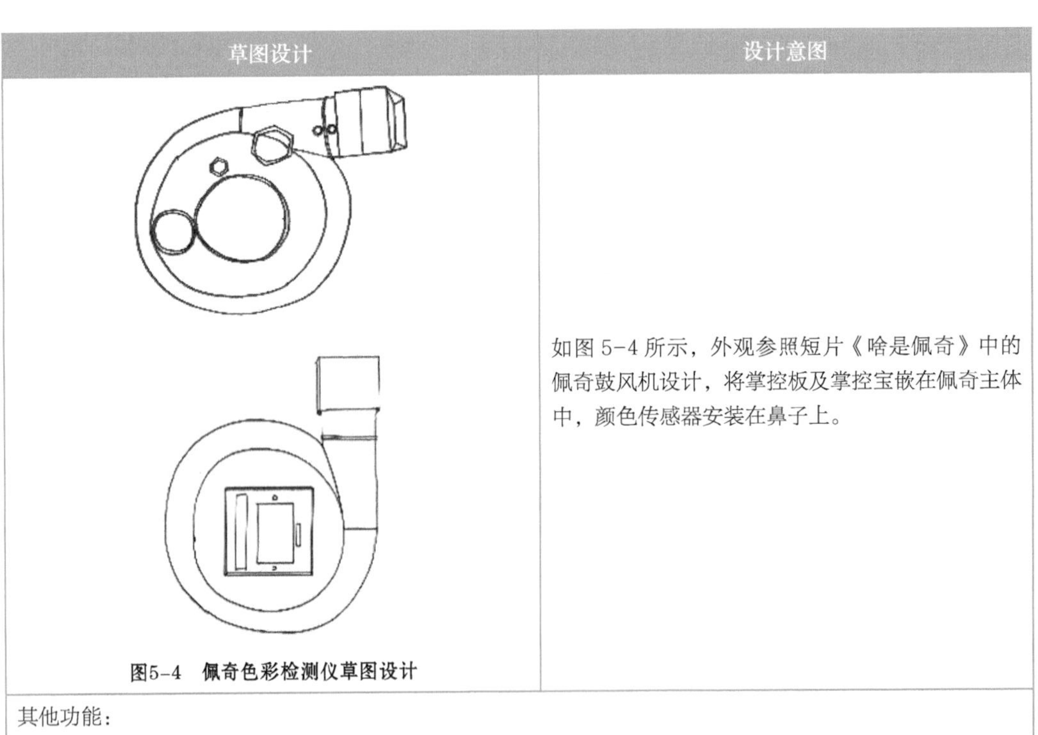 图5-4 佩奇色彩检测仪草图设计	如图 5-4 所示，外观参照短片《啥是佩奇》中的佩奇鼓风机设计，将掌控板及掌控宝嵌在佩奇主体中，颜色传感器安装在鼻子上。
其他功能： 可实现语音播报测试结果是否合格。	

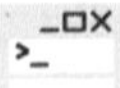

5.5 项目实施

5.5.1 结构搭建

1. 用 3DOne 画出“佩奇”的主体，如图 5-5 所示。

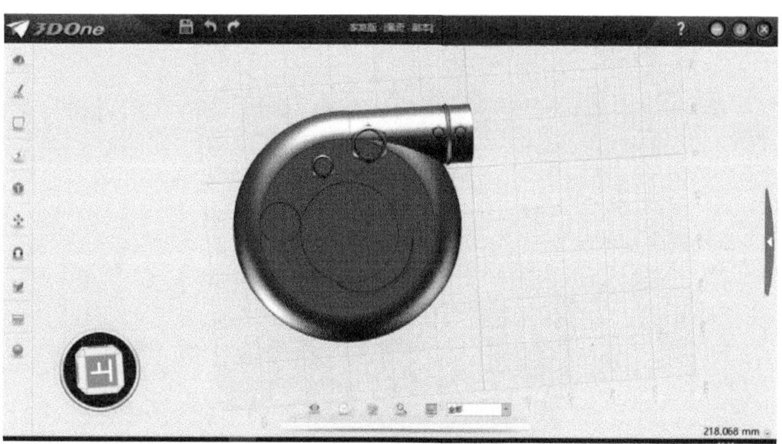

图5-5 “佩奇”主体

2. 用 3DOne 画出“佩奇”的鼻子结构件，如图 5-6 所示。

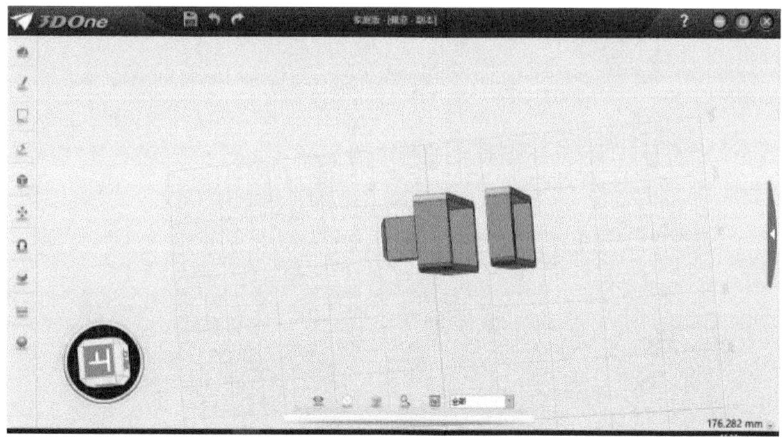

图5-6 结构件

3. 用 3D 打印机将“佩奇”的主体和“鼻子”结构件打印出来，如图 5-7 所示。

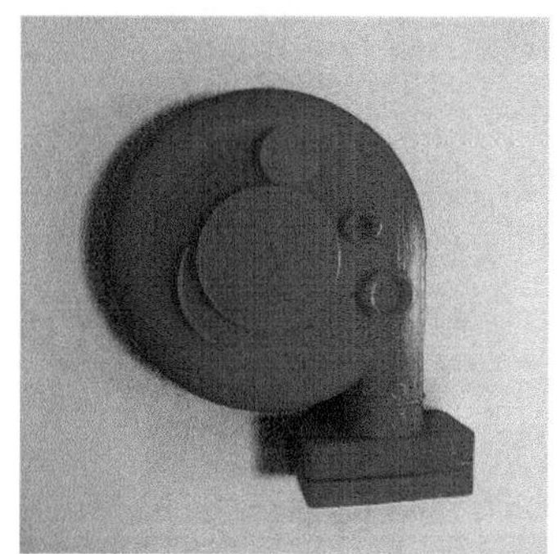

图5-7 “佩奇”主体和结构件

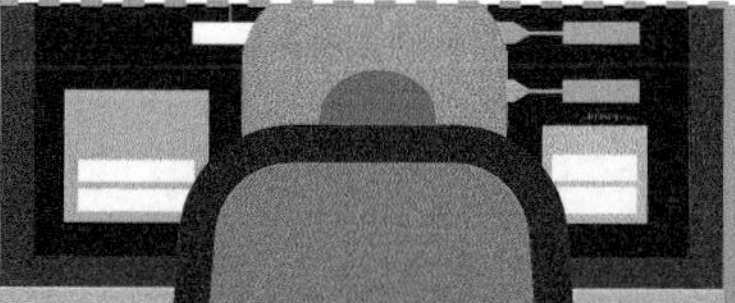

5.5.2 安装主板和传感器

将掌控板和掌控宝安装在“佩奇”内部，颜色传感器安装至“佩奇”的鼻子上，如图 5-8 所示。

图5-8 安装掌控板和扩展板

5.5.3 电路连接

将颜色传感器接在掌控宝的 I²C 接口上，如图 5-9 所示。

图5-9 电路连接

5.5.4 程序编写

完整程序如图 5-10 所示。

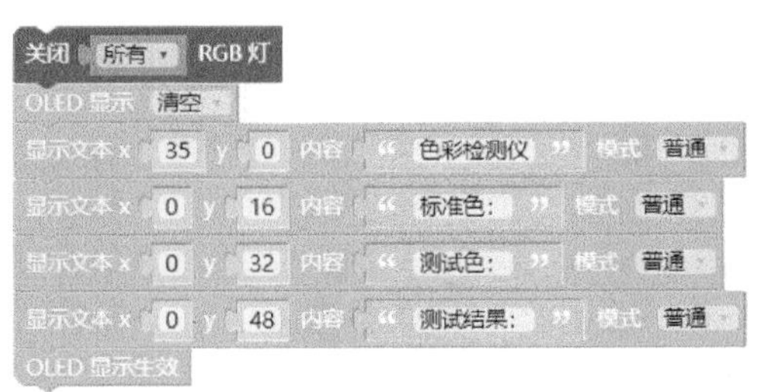

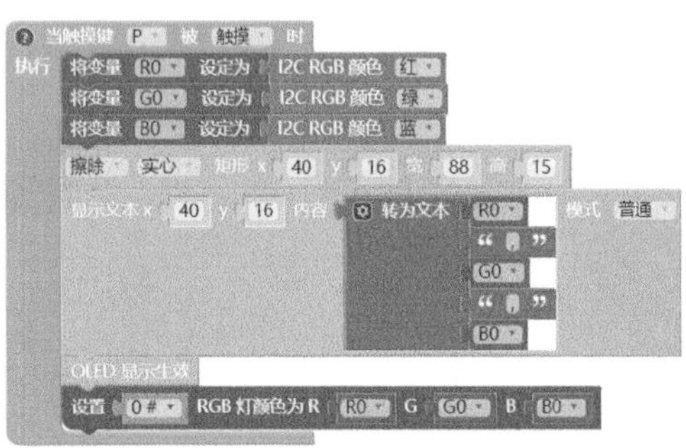

当触摸键 T 被 触摸 时
执行
将变量 R1 设定为 I2C RGB 颜色 红
将变量 G1 设定为 I2C RGB 颜色 绿
将变量 B1 设定为 I2C RGB 颜色 蓝
擦除 实心 矩形 x 40 y 32 宽 88 高 15
显示文本 x 40 y 32 内容 转为文本 R1 “,” G1 “,” B1 模式 普通
OLED 显示生效
设置 1# RGB 灯颜色为 R R1 G G1 B R1

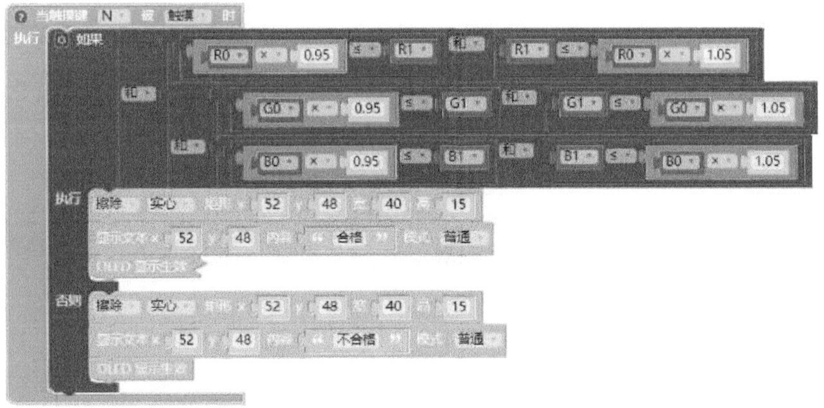

图5-10　色彩检测仪的程序

5.5.5　程序解读

1．屏幕初始状态设置

在未测试状态下，屏幕显示固定文字，如“色彩检测仪”“标准色：”“测试色：”“测试结果：”。

2．触摸 P 键测试标准色

颜色传感器正对标准色卡，触摸 P 键，“标准色：”后面显示颜色传感器的 R、G、

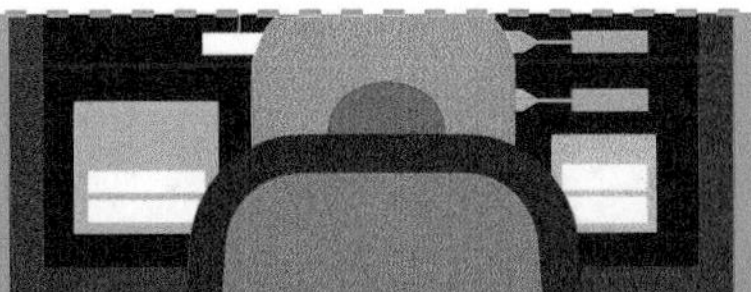

B 分量值，同时主板 0 号 RGB LED 显示测量的标准色卡颜色。

3．触摸 T 键测试被测颜色

将颜色传感器正对被测物，触摸 T 键，“测试色：”后面显示颜色传感器的 R、G、B 分量值，同时掌控板 1 号 RGB LED 显示被测物颜色。

4．触摸 N 键将“测试色”结果与“标准色”进行对比，判断是否符合标准色参数

触摸 N 键，判断被测物的 R、G、B 分量值是否在标准色的 R、G、B 分量值的 ±5% 偏差范围以内，在偏差范围内则显示“测试结果：合格”；在偏差范围外则显示“测试结果：不合格”。

5.5.6 组装与调试

写入程序后，测试色彩检测仪的功能。它能完成色彩的检测吗？对应的 RGB LED 颜色是否与测试色一致？如果没有问题，就可以进行组装了。

5.6 迭代与升级

每一件初创作品都有很大的改进空间，在制作过程中，大家一定能意识到作品的不足之处，那么，可以采用什么方式去进行改进呢？请在表 5-1 中进行记录。

表 5-1 作品优化记录表

不足之处	改进措施

5.7 分享与评价

5.7.1 我的分享

创客的精神在于分享，请你为别人展示、分享自己的作品，说一说你对该作品最满意的部分，并在表 5-2 中进行记录。

表 5-2 作品分享陈述表

分享内容	作品的创新点	
	作品的功能演示	
	在作品制作过程中的反思	
如何分享	分享展示，需要做哪些准备	
	我的分享重点	

5.7.2 我的反思

在项目实现过程中，我遇到了一些问题，在表 5-3 中记录遇到的困难和解决办法，便于以后出现类似问题时能更好地应对。

表 5-3 作品反思记录表

遇到的问题	解决办法

5.7.3 我的评价

请拿出你的画笔，在表 5-4 中填涂对自己的评价等级，5 颗星表示卓越，4 颗星表示优秀，3 颗星表示良好，2 颗星表示一般，1 颗星表示继续努力。

表 5-4 学习评价表

评价维度	评价标准	我的星数
项目作品	我能掌握颜色传感器的用法	☆☆☆☆☆
	我的程序设计合理，能实现预期功能	☆☆☆☆☆
	我的作品外观有特点，结构简单，功能性强	☆☆☆☆☆
学习表现	我能主动探索，遇到问题积极解决	☆☆☆☆☆
	我能与其他同学团结协作，分享交流	☆☆☆☆☆
	我能不断反思，形成一定的批判精神	☆☆☆☆☆

第 6 章　小马电子秤

小明学习了重力的概念之后，用弹簧测力计测量钩码的重力时发现弹簧测力计坏了，于是老师建议他可以利用掌控板、掌控宝及创客马拉松套件设计并制作一个更加精准的电子秤（见图 6-1）。

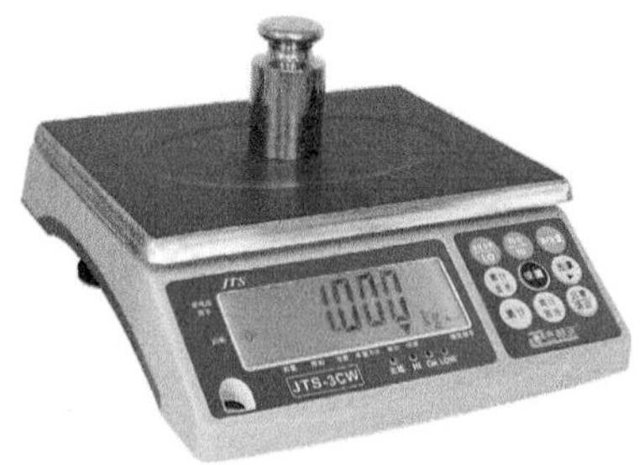

图6-1　生活中的电子秤

6.1　项目分析

如图 6-2 所示，要设计制作一个“小马电子秤”，我们必须要解决两大问题：一是如何测量力；二是如何设计电子秤的外部结构，使其能够承受一定的力。

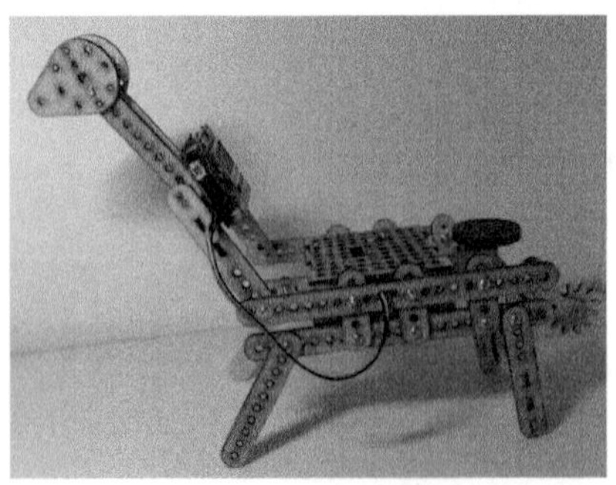

图6-2　小马电子秤案例

6.2 提出问题

6.2.1 问题清单

科学（S）	压力、重力、质量之间的关系是什么？
技术（T）	如何校准力传感器，使得测量误差较小？
工程（E）	（1）如何设计小马电子秤的外观结构并使其结构稳定？ （2）如何用最少的材料实现功能？
艺术（A）	如何让作品小巧精致？
数学（M）	如何计算质量、重力的大小？

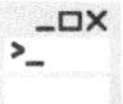

6.3 核心知识点

6.3.1 力传感器

力传感器：用于检测量力的大小的 I^2C 接口传感器（见图 6-3）。其引脚定义 / 接口说明如图 6-4 所示。

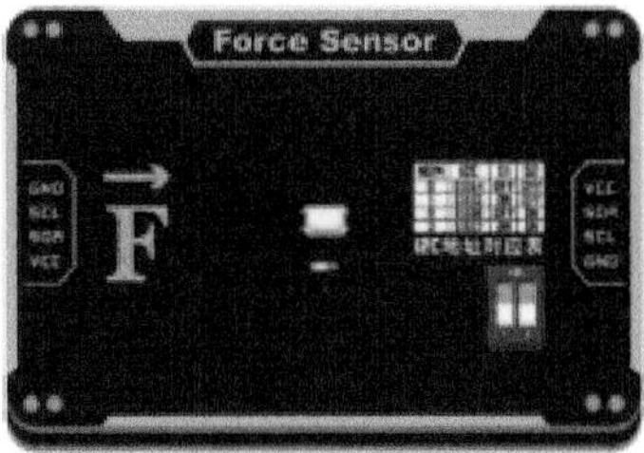

工作电压：VCC 3.5~5V
I^2C 数字信号输出
力的测量范围：0~20N
分辨率：0.01N
精度：1%
模块尺寸：46mm×72mm×7.5mm

图6-3 力传感器及其参数

拨码：拨动开关，可选择模块的 I^2C 地址，用于避免与其他 I^2C 设备地址冲突。注意，选择 I^2C 地址后，需要重新上电才能生效（见图 6-5）。

引脚定义/接口说明

VCC	电源
SDA	I^2C数据
SCL	I^2C时钟
GND	地

图6-4 引脚定义

	S1	S2
0	OFF	OFF
1	ON	OFF
2	OFF	ON
3	ON	ON

图6-5 拨码数值

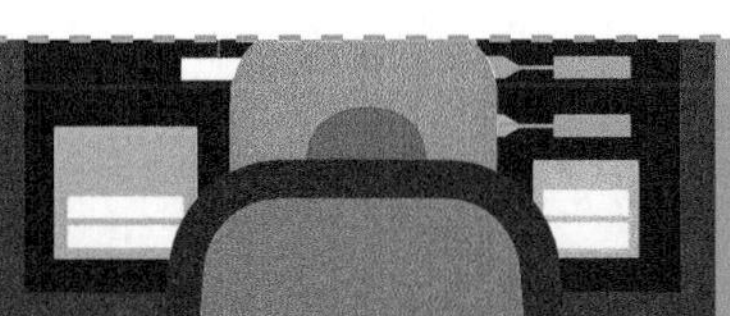

6.3.2 重力与压力、质量之间的关系

1. 重力 G 与压力 F 的区别，如图 6-6 所示。
2. 重力与质量之间的关系（g 一般取 9.8N/kg），如图 6-7 所示。

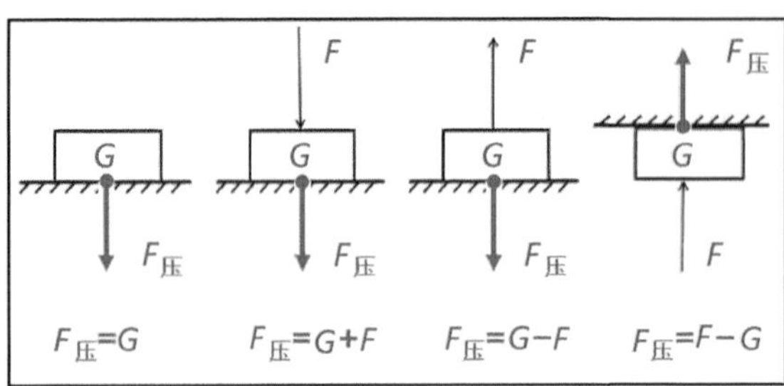

图6-6 重力与压力关系

$$\frac{G}{m}=g \qquad G=mg$$

G---重力---牛顿（N）

m---质量---千克（kg）

图6-7 重力与质量关系

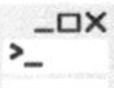

6.4 方案规划

6.4.1 功能分解

需求分析	所需元器件及主要策略	程序积木
需要一个能测量力的装置。	案例中用力传感器进行测量。	I2C力传感器 拨码 0
需要设计、制作小马电子秤外观结构件。	用 3D 打印件、KT 板、激光切割木板、旧物等均可制作，本案例采用激光切割的积木件进行制作。	

6.4.2 方案构思

草图设计	设计意图
图6-8 小马电子秤草图设计	如图 6-8 所示，从动物形象获得灵感，设计作品外观，在保持稳定性、承重好的基础上，使结构更加精致。
其他功能： 将待测物体放在小马电子秤上面，掌控板上就会自动显示该物体的质量和所受压力大小，由于物体是平放在上面的，其所受压力等于物体的重力，因此通过计算我们就知道了物体的重力。	

6.5 项目实施

6.5.1 力传感器校准

1. 拔掉力传感器模块的连接线，在断电状态下先长按住力传感器模块正面中间的按键不放。

2. 用 4Pin 连接线将力传感器模块接到掌控宝，用掌控宝给力传感器模块上电，等待 5 秒，其间指示灯快速闪烁 5 次，然后常亮，此时松开按键。

3. 在力传感器探头空载状态下再按一下按键，指示灯先亮 3 秒左右，然后快速闪烁，再把 1kg 的标准砝码放到力传感器模块托盘上或挂在挂钩上，等待 1 秒后按一下按键，指示灯闪两次后常亮，校准完毕（见图 6-9）。

图6-9 力传感器模块校准

6.5.2 力传感器模块的使用

将力传感器模块接在 I^2C 接口上，以追加文本的形式显示力传感器测量结果，如图 6-10 所示。

图6-10 利用力传感器测量压力和重力

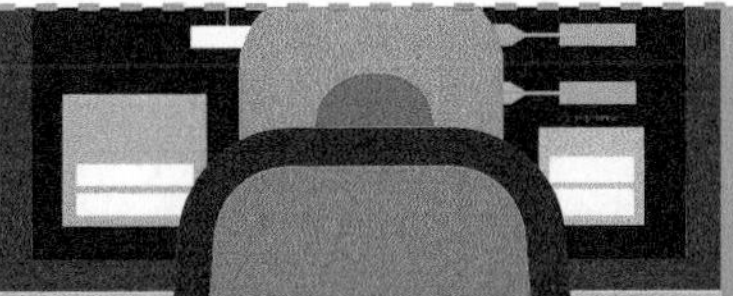

6.5.3 结构搭建

1. 用 M4×25mm 螺丝对结构件进行固定，如图 6-11 与图 6-12 所示。

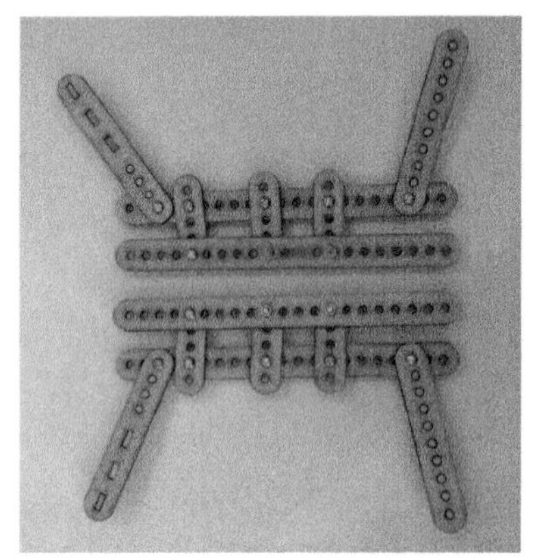

图6-11 制作“小马”腰部

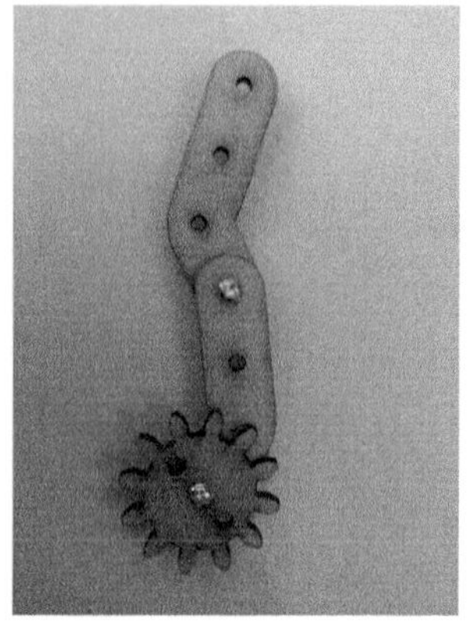

图6-12 制作“小马”尾部

2. 用热熔胶固定“小马”肚板，如图 6-13 所示。

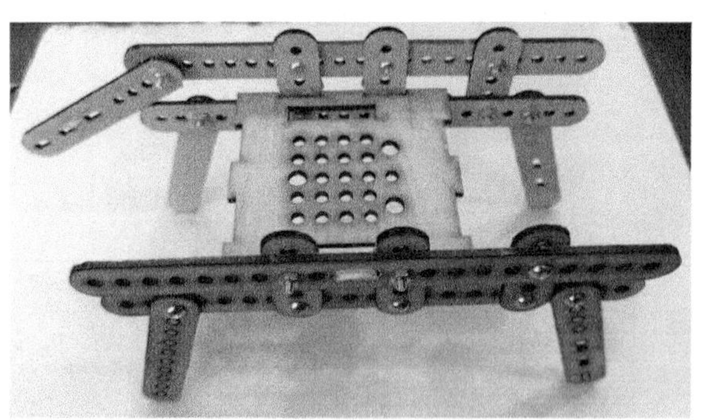

图6-13 制作“小马”肚部

3. 固定力传感器，如图 6-14 与图 6-15 所示。

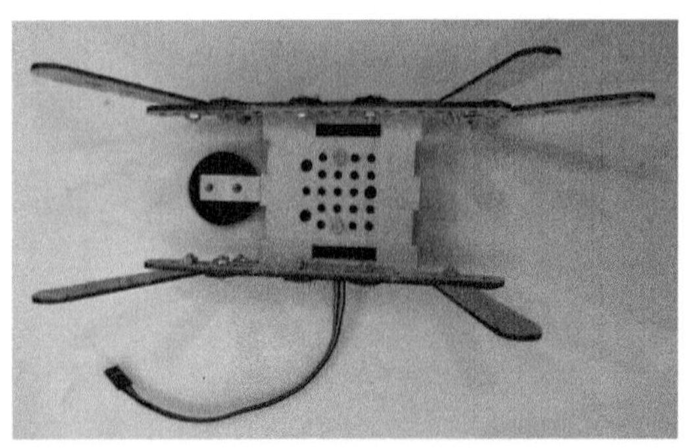

图6-14 用螺丝固定力传感器背面

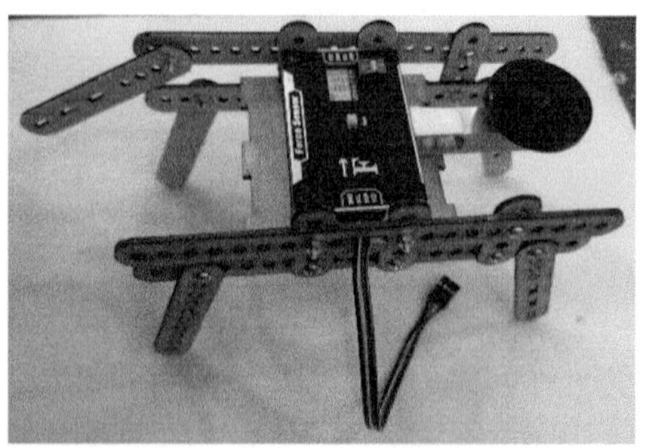

图6-15 用热熔胶固定力传感器正面

4. 用 M4×25mm 螺丝将结构件与掌控板和掌控宝固定，如图 6-16 与图 6-17 所示。

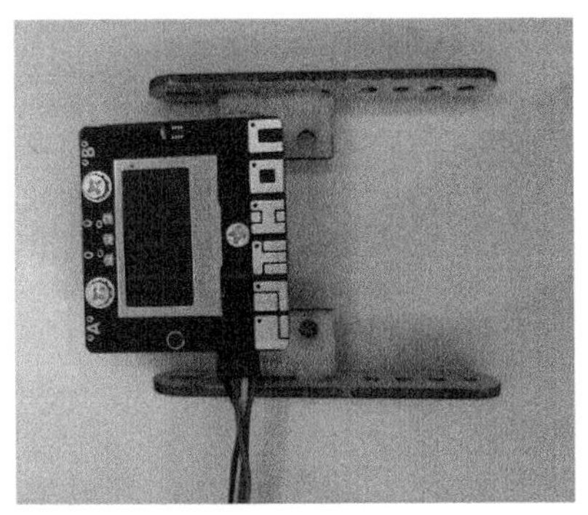
图6-16 固定掌控板正面

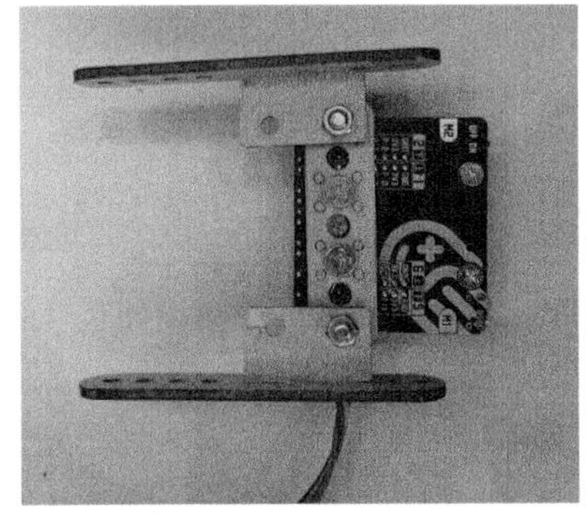
图6-17 固定掌控板背面

5. 用 M4×25mm 螺丝将图中的结构件进行连接，用热熔胶固定“马背”盖板，如图 6-18 所示。

6. 用 M4×25mm 螺丝将图中的结构件进行固定，用热熔胶固定“马头”与“马尾”，如图 6-19 所示。

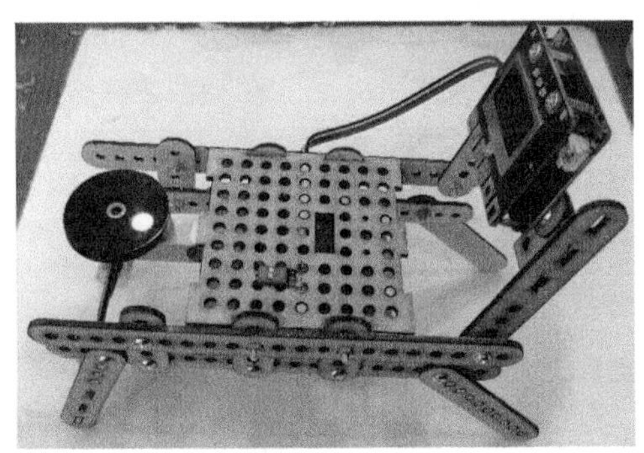
图6-18 固定“小马”脖子与身子

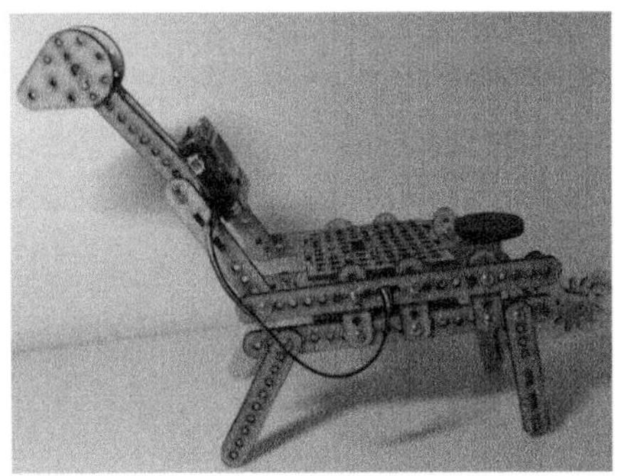
图6-19 固定“小马”头部与尾部

6.5.4 电路连接

力传感器模块与掌控宝的连接方式如图 6-20 所示。

图6-20 力传感器模块的连接

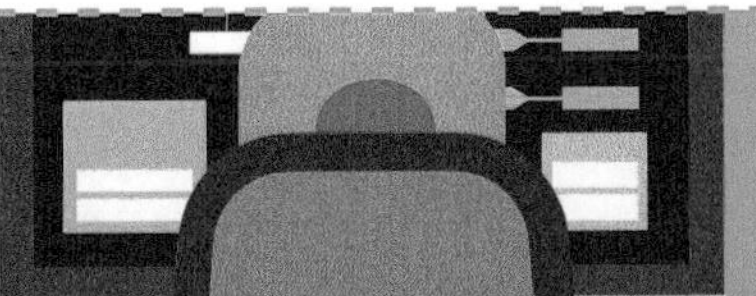

6.5.5 程序编写

完整程序如图 6-21 所示。

图6-21 小马电子秤程序

6.5.6 程序解读

1. 显示压力与质量的大小

掌控板的 OLED 显示屏第一行显示物体对托盘的压力，第二行显示物体所受重力，第三行显示物体质量。其单位均采用国际单位制的基本单位。

2. 利用重力求质量

显示重力值后将所得结果进行换算，得到质量大小后在第三行进行显示。当装置水平空置时，压力、质量的值显示为 0。当放置 1kg 的物体时，压力的值接近 9.8N。

6.5.7 组装与调试

写入程序后，利用“小马电子秤”测量一下生活中常见物品的质量，和其他的秤做一下对比，“小马电子秤”的测量结果是否准确？

6.6 迭代与升级

每一件初创作品都有很大的改进空间，在制作过程中，大家一定能意识到作品的不足之处，那么，可以采用什么方式去进行改进呢？请在表 6-1 中进行记录。

表 6-1 作品优化记录表

不足之处	改进措施

6.7 分享与评价

6.7.1 我的分享

创客的精神在于分享，请你为别人展示、分享自己的作品，说一说你对该作品最满意的部分，并在表 6-2 中进行记录。

表 6-2 作品分享陈述表

分享内容	作品的创新点	
	作品的功能演示	
	在作品制作过程中的反思	
如何分享	分享展示，需要做哪些准备	
	我的分享重点	

6.7.2 我的反思

在项目实现过程中，遇到了这样一些问题，在表 6-3 中记录遇到的问题和解决办法，便于以后出现类似问题时能更好地应对。

表 6-3 作品反思记录表

遇到的问题	解决办法

6.7.3 我的评价

请拿出你的画笔，在表 6-4 填涂对自己的评价等级，5 颗星表示卓越，4 颗星表示优秀，3 颗星表示良好，2 颗星表示一般，1 颗星表示继续努力。

表 6-4　学习评价表

评价维度	评价标准	我的星数
项目作品	我能掌握力传感器的校准和使用	☆☆☆☆☆
	我的程序设计合理，能实现预期功能	☆☆☆☆☆
	我的作品结构稳定、功能完善且外观富有特色	☆☆☆☆☆
学习表现	我能运用已有的知识解决问题，并积极和小组成员一起解决	☆☆☆☆☆
	我能与其他同学团结协作，分享交流	☆☆☆☆☆
	我能不断反思，形成一定的批判精神	☆☆☆☆☆

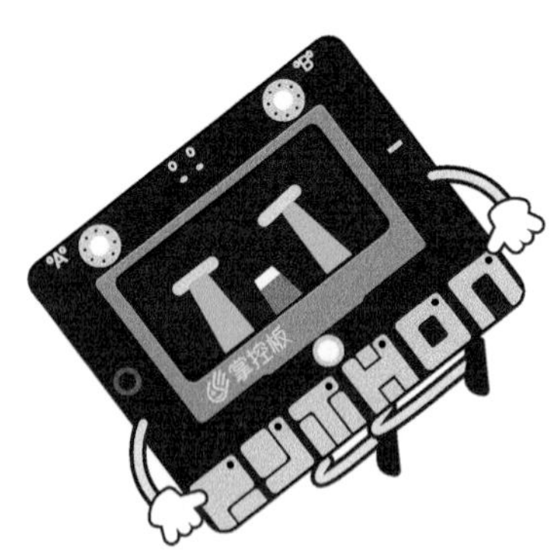

第 7 章　数字万用表

学习了电学知识，小明思考：我们每次测量小灯泡电功率的时候都要同时使用电压表和电流表，是否可以把他们简化在一个装置内呢？这时老师鼓励小明，你能否尝试使用电流传感器与电压传感器，用掌控板直接显示电功率的数值，这样你就拥有一个数字万用表（见图 7-1）啦!

图7-1　常用的数字万用表

7.1　项目分析

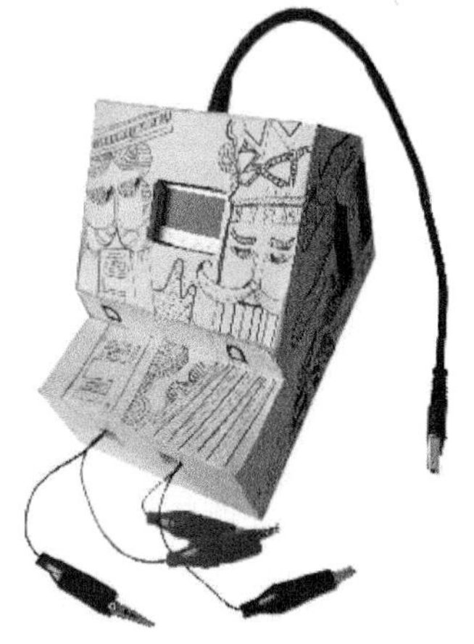

如图 7-2 所示，要设计制作一个数字万用表，我们必须要解决两大问题：一是能利用传感器实现对电流和电压的测量，二是能完成外观结构的设计与搭建。

图7-2　数字万用表案例

7.2 提出问题

7.2.1 问题清单

科学（S）	如何理解电流、电压和功率？
技术（T）	如何测量电路中的电流和用电器两端的电压？
工程（E）	（1）如何设计、制作数字万用表的结构？ （2）如何进行外观的包装？
艺术（A）	如何使自己的作品美观？
数学（M）	如何计算电功率和电能？

7.3 核心知识点

7.3.1 电流传感器

电流是表示电流强弱的物理量，通常用字母 I 表示，它的单位是安培，简称安，符号是 A。图 7-3 所示是用于测量环路的电流值的 I^2C 接口的传感器。

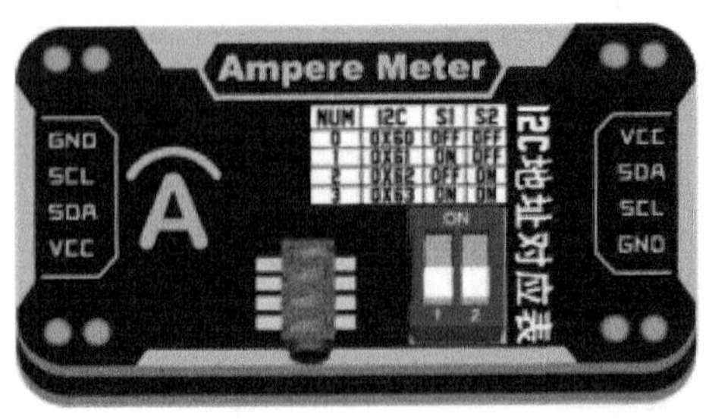

技术参数：

工作电压：VCC 3.3~5V

I^2C 数字信号输出

电压测量范围：-3~3A

分辨率：0.01A

精度：3%

模块尺寸：24mm×46mm×7.5mm

图7-3　电流传感器及其参数

7.3.2 电压传感器

要让一段电路中有电流，它的两端就要有电压。电源的作用就是给用电器两端提供电压。电压通常用字母 U 表示，它的单位是伏特，简称伏，符号是 V。图 7-4 所示是用于测量电压的 I^2C 接口的传感器。

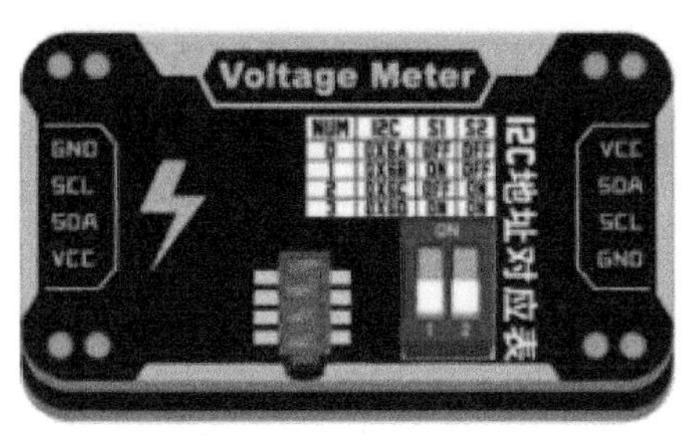

技术参数：

工作电压：VCC 3.3~5V

I^2C 数字信号输出

电压测量范围：-15~15V

分辨率：0.01V

精度：1%

模块尺寸：24mm×46mm×7.5mm

图7-4　电压传感器及其参数

7.3.3　电能和电功率的定义及公式

电能用于表示电流做功的多少，其与电流的大小、电压的高低、通电时间的长短都有关系。加在用电器两端的电压越高、通过的电流越大、通电时间越长，电流做功就越多。研究表明，当电路两端的电压为 U，电路中的电流为 I，通电时间为 t 时，消耗的电能 W 为：

$$W=UIt$$

电功率是表示电流做功快慢的物理量，用 P 表示：

$$P=W/t=UI$$

7.4　方案规划

7.4.1　功能分解

需求分析	所需元器件及主要策略	程序积木
作品能实现对电压的测量。	用电压传感器及对应的编程模块实现。	I2C电压传感器 拨码 1
作品能实现对电流的测量。	用电流传感器及对应的编程模块实现。	I2C电流传感器 拨码 2
需要设计、制作数字万用表的结构。	将图纸设计好后，按对应尺寸在 KT 板上裁剪所需要的结构件。将结构件用热熔胶加固。	
能实现电功率和电能的测量。	利用物理课本上的电学公式进行编程实现。	

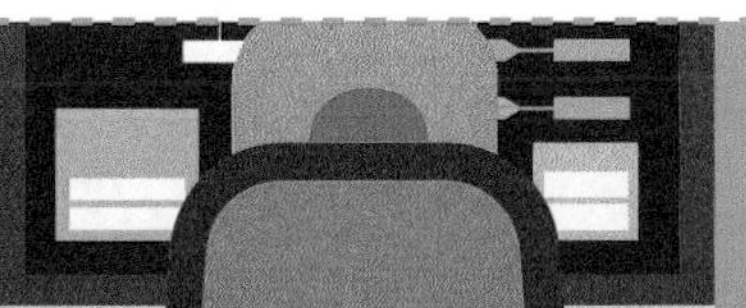

7.4.2 方案构思

草图设计	设计意图
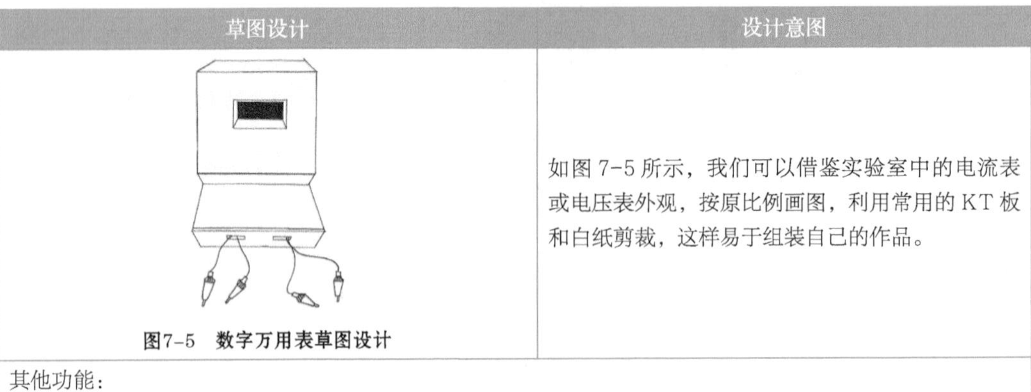 图7-5 数字万用表草图设计	如图 7-5 所示，我们可以借鉴实验室中的电流表或电压表外观，按原比例画图，利用常用的 KT 板和白纸剪裁，这样易于组装自己的作品。
其他功能： 利用该数字万用表还可以估算出纯电阻电路中的电阻大小，以及它们在一段时间内产生的热量。	

7.5 项目实施

7.5.1 传感器测试

将电流传感器接在掌控宝的 I^2C 接口处，将鳄鱼夹________（选填“串联”或“并联”）在待测电路中。将电压传感器接在掌控宝的 I^2C 接口处，那么应将鳄鱼夹________（选填“串联”或“并联”）在用电器的两端，电流传感器测试程序如图 7-6 所示。

图7-6 电流传感器测试

7.5.2 结构搭建

1. 用热熔胶将裁剪好的 KT 板按电流表的外观进行搭建，如图 7-7 所示。

2. 将掌控板、掌控宝与传感器连接好后一起固定在数字万用表外壳内，如图 7-8 所示。

3. 将数字万用表的表盖用热熔胶进行固定，注意分清楚哪一侧是测电流的，哪一侧是测电压的，并用记号笔做标记，如图 7-9 所示。

4. 最后在白纸上绘画创作，粘贴在 KT 板外侧，使数字万用表更加美观，如图 7-10 所示。

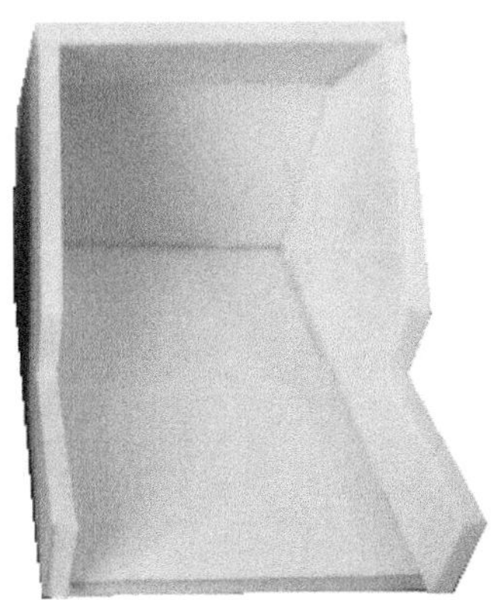

图7-7 数字万用表外部搭建

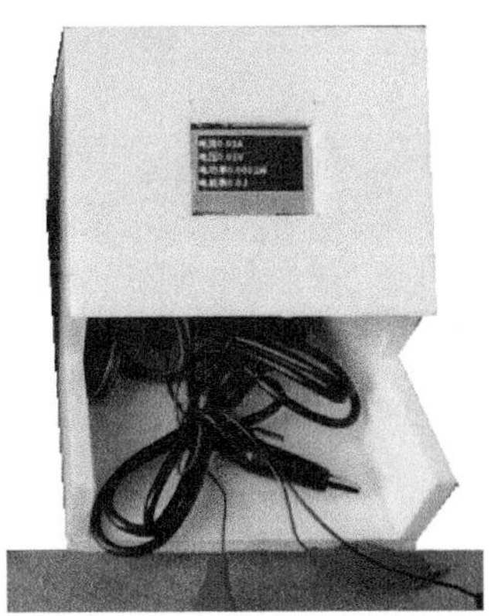

图7-8 数字万用表内部搭建

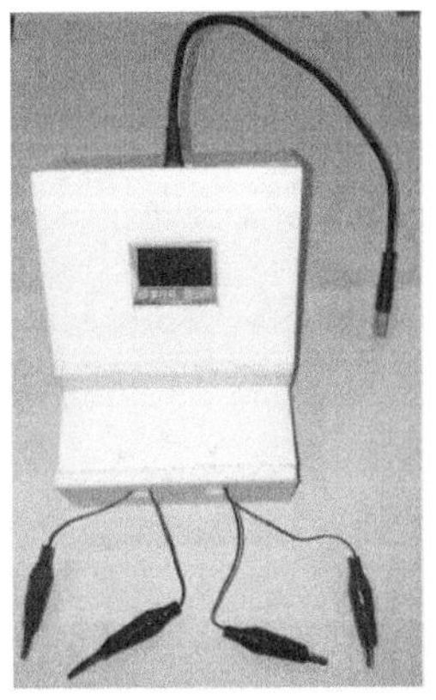

图7-9 数字万用表搭建

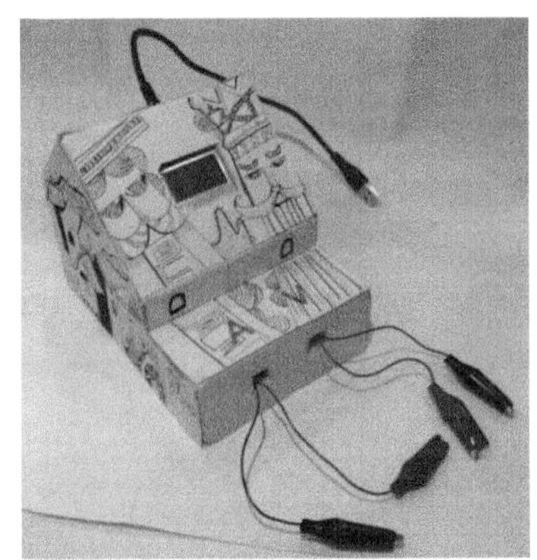

图7-10 数字万用表外观美化

7.5.3 电路连接

将电流传感器和电压传感器接在掌控宝的 I^2C 接口上如图 7-11 所示。

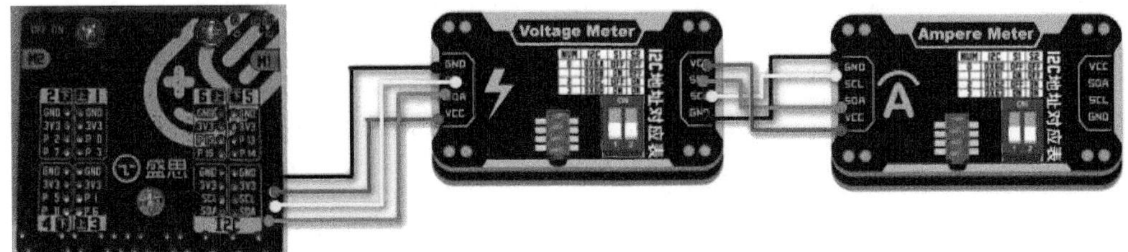

图7-11 电路连接

7.5.4 程序编写

完整程序如图 7-12 所示。

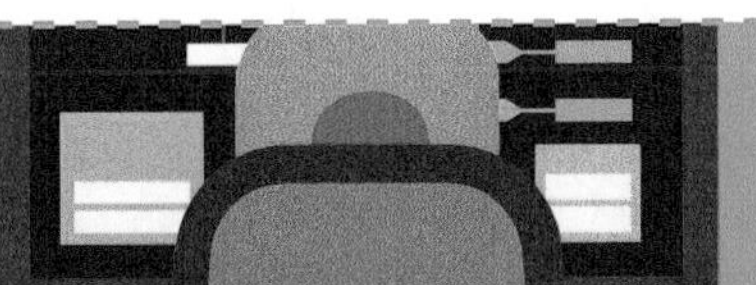

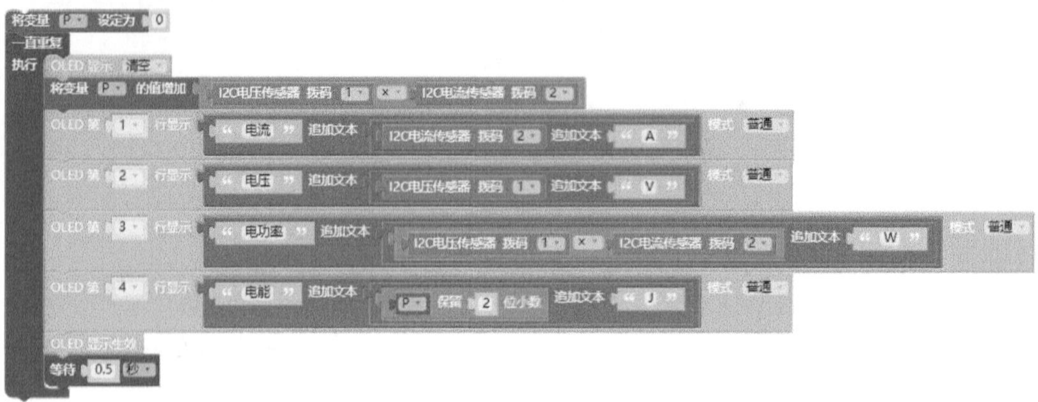

图7-12　数字万用表的程序

7.5.5　程序解读

1. 通过掌控板分行每隔 0.5 秒显示电流值、电压值、电功率值和电能值。

2. 定义一个变量 P，并赋值为 0。P 的增加值为电流与电压的乘积且每隔 0.5 秒增加一次，一直重复执行。这样可以实现电能的粗略计算。

7.5.6　组装与调试

写入程序后，试试你测量的电功率和使用实验室器材测量计算的结果相比是否准确，是否对你学习电学更有帮助，使用也方便快捷一些呢？

7.6　迭代与升级

每一件初创作品都有很大的改进空间，在制作过程中，大家一定能意识到作品的不足之处，那么，可以采用什么方式去进行改进呢？请在表 7-1 中进行记录。

表 7-1　作品优化记录表

不足之处	改进措施

7.7 分享与评价

7.7.1 我的分享

创客的精神在于分享，请你为别人展示、分享自己的作品，说一说你对该作品最满意的部分，并在表 7-2 中进行记录。

表 7-2 作品分享陈述表

分享内容	作品的创新点	
	作品的功能演示	
	在作品制作过程中的反思	
如何分享	分享展示，需要做哪些准备	
	我的分享重点	

7.7.2 我的反思

在项目实现过程中，我遇到了一些问题，在表 7-3 中记录遇到的问题和解决办法，便于以后出现类似问题时能更好地面对。

表 7-3 作品反思记录表

遇到的问题	解决办法

7.7.3 我的评价

请拿出你的画笔，在表 7-4 中填涂对自己的评价等级，5 颗星表示卓越，4 颗星表示优秀，3 颗星表示良好，2 颗星表示一般，1 颗星表示继续努力。

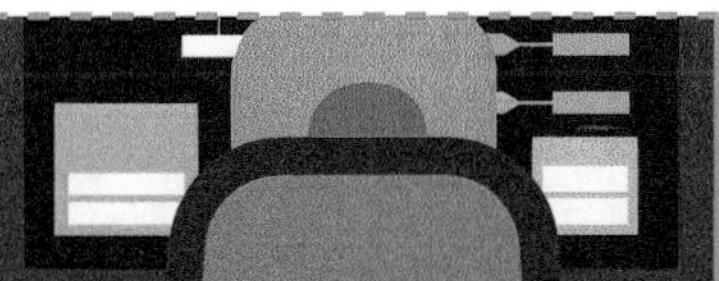

表 7-4　学习评价表

评价维度	评价标准	我的星数
项目作品	我能掌握电功率和电能的测量和计算	☆☆☆☆☆
	我能运用已有的知识去解决问题，并能和小组成员实现作品的预期功能	☆☆☆☆☆
	我的作品新颖、外部结构美观	☆☆☆☆☆
学习表现	我能主动探索，遇到问题积极解决	☆☆☆☆☆
	我能与其他同学团结协作，分享交流	☆☆☆☆☆
	我能不断反思，形成一定的批判精神	☆☆☆☆☆

第 8 章　讲故事的灯

灯为我们带来了光明，生活中的灯也根据其功能逐渐演变出不同的造型，如图 8-1 所示。我们已经从书本上了解到许多中华传统故事，我们是否也可以利用掌控板、掌控宝及创客马拉松套件，将故事与灯光相结合，让故事在灯光的照射下变得生动起来呢？

图8-1　生活中不同造型的灯

8.1　项目分析

如图 8-2 所示，要设计制作一个讲故事的灯，我们必须要解决与故事和灯有关的三大问题：一是我们的故事如何生成 MP3 格式的音频文件，二是如何控制故事的播放与停止，三是如何将灯的造型设计与故事相结合。

图8-2　讲故事的灯案例

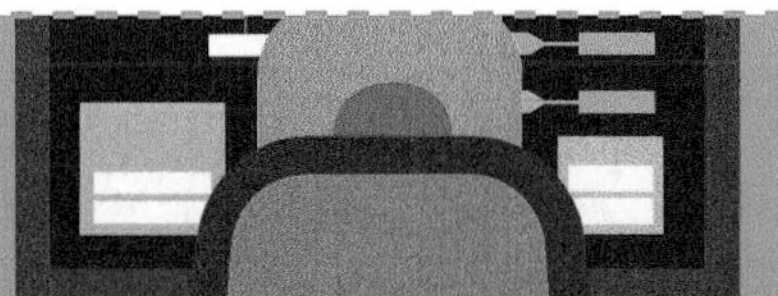

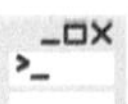

8.2 提出问题

8.2.1 问题清单

科学（S）	如何切换灯光的颜色让灯光与故事更好地呼应？
技术（T）	（1）如何将故事转化成 MP3 格式的音频文件？ （2）如何通过设置不同的触摸传感器，实现故事的播放与停止？
工程（E）	（1）如何设计、制作灯的结构？ （2）如何对制作灯的材料进行选择？
艺术（A）	（1）如何将灯的造型与故事内容相结合？ （2）如何利用阴刻与阳刻对灯的外形进行设计？
数学（M）	如何控制灯光的角度达到装饰的效果？

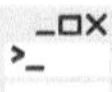

8.3 核心知识点

8.3.1 MP3音乐播放器

MP3 音乐播放器如图 8-3 所示，采用 Micro SD 卡存储歌曲或语音信息，连接音箱后可通过发送指令操控播放 Micro SD 卡中保存的歌曲，板载双声道功放，可驱动 0.5W 扬声器。

图8-3 MP3音乐播放器

8.3.2 阴刻与阳刻

阴刻与阳刻是我国传统刻字的两种基本刻制方法。阴刻是将图案或文字刻成凹形，阳刻是将图案或文字刻成凸形。以印章的阴刻与阳刻为例，阴刻的章印出来是白字红底，阳刻的章印出来是红字白底。这是因为阴刻是在平整的石头上直接刻出文字，阳刻是将需要的文字保留下来，将其余的部分凿掉，使文字凸显出来，如图 8-4 所示。

图8-4 阴刻印章与阳刻印章

8.4 方案规划

8.4.1 功能分解

需求分析	所需元器件及主要策略	程序积木
需要获取中华传统故事的MP3音频文件，并能够通过掌控板进行播放与停止等操作。	自己录制或者在网上搜索中华传统故事的MP3格式的音频文件。将音频保存在Micro SD卡中，借助MP3音乐播放器通过编程对Micro SD卡中的音频文件进行播放与停止的控制。	初始化MP3 TX引脚 P16 设MP3音量 0 MP3 音量 加1 MP3 播放第 1 首歌 MP3 播放 暂停 MP3 单曲循环 打开
需要设计声音播放与停止的触发条件。	用板载的触摸传感器对音频进行控制。	当触摸键 P 被 触摸 时 执行 MP3 播放 暂停
需要控制RGB LED带的亮灭。	利用灯带的相关指令编程实现。	灯带初始化 名称 my_rgb 引脚 P7 (掌控板) 数量 5 灯带 my_rgb 0 号 颜色为 灯带 my_rgb 0 号 红 255 绿 50 蓝 0 灯带 my_rgb 全亮 颜色 灯带 my_rgb 全亮 红 255 绿 50 蓝 0 灯带 my_rgb 设置生效 灯带 my_rgb 关闭 灯带 my_rgb 设置亮度为 100 彩虹灯效 灯带 my_rgb 数量 3 亮度 50 偏移 0

续表

需求分析	所需元器件及主要策略	程序积木
需要设计、制作灯的结构。	用套件内的金属结构件搭建，设计图案使用木板进行激光雕刻，还可以用纸雕等方式来设计符合故事主题的灯的结构。	

8.4.2 方案构思

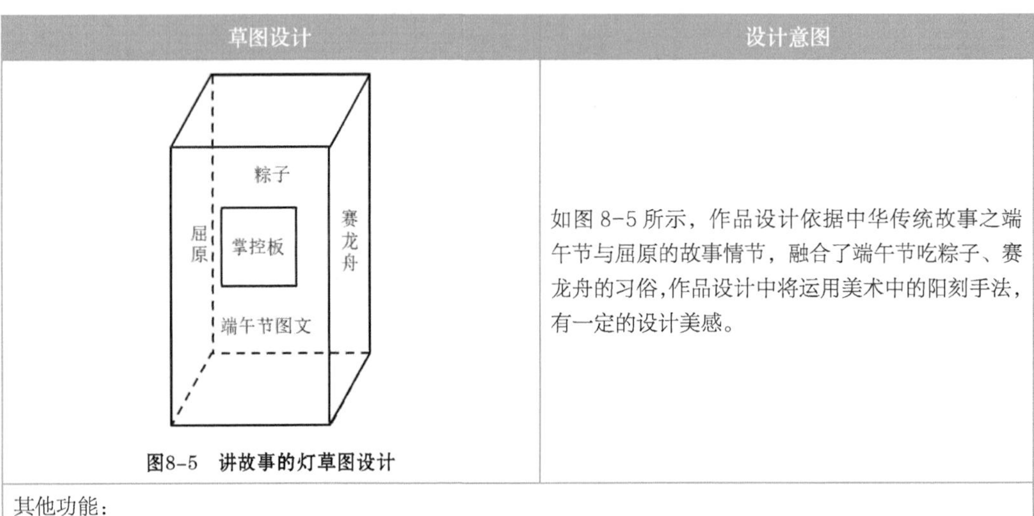

草图设计	设计意图
图8-5 讲故事的灯草图设计	如图 8-5 所示，作品设计依据中华传统故事之端午节与屈原的故事情节，融合了端午节吃粽子、赛龙舟的习俗，作品设计中将运用美术中的阳刻手法，有一定的设计美感。
其他功能： 触摸传感器不仅控制声音的播放与停止，并且控制灯的点亮和熄灭，保持了灯光和故事的一致性。	

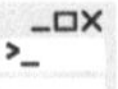

8.5 项目实施

8.5.1 获取中华传统故事的MP3音频文件

搜集并整理中华传统故事之端午节与屈原的小故事，然后录制 MP3 格式的音频文件。将生成的音频文件存放到 Micro SD 卡中，然后将 Micro SD 卡插到 MP3 音乐播放器播放模块中，最后将 MP3 音乐播放器模块与掌控宝的 P6 引脚连接，如图 8-6 所示。

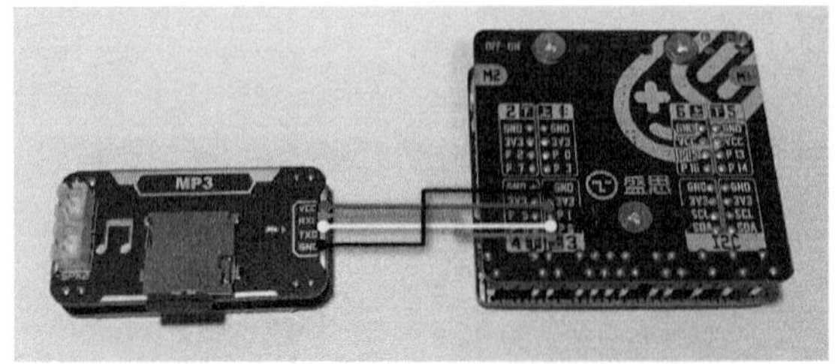

图8-6 MP3音乐播放器模块与掌控宝连接

8.5.2 声音播放与停止的触发条件

使用 MP3 模块，首先进行初始化。结合触摸传感器的条件语句，尝试通过触摸掌控板的 P 键实现声音的播放，如图 8-7 所示。你还能实现触摸 Y 键声音暂停，触摸 T 键声音继续播放，触摸 H 键声音停止吗？相信聪明的你一定能实现，赶快试试吧！

```
当触摸键 P 被 触摸 时
执行 初始化MP3 TX引脚 P6(buzzer)
     设MP3音量 100
     MP3 播放第 1 首歌
     MP3 单曲循环 打开
```

图8-7 触摸P键播放音频

8.5.3 控制灯带和板载RGB LED的亮灭

连接 RGB 灯带到掌控宝的 P13 引脚，如图 8-8 所示。为了让声音与灯光更好地结合在一起，在触摸 P 键使 RGB 灯带亮起的同时，要让声音响起；在触摸 H 键使 RGB 灯带熄灭的同时，要让声音停止。结合前面的课程中所学，你能编写出这部分程序吗？

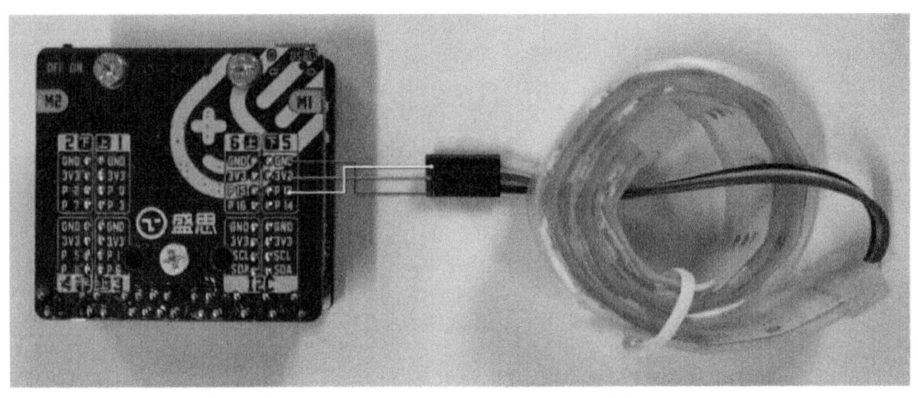

图8-8 连接灯带与掌控宝

8.5.4 设计制作灯的结构

1. 在纸上设计出与故事相关的灯的四个面，如图 8-9 所示，注意需要预留出掌控板的固定位置。

2. 借助激光雕刻技术在木板上刻出灯的四面，如图 8-10 所示。

图8-9　端午节小故事的灯的四面设计

图8-10　激光雕刻技术刻出灯的四面

3. 使用热熔胶枪粘牢灯的四个面和底座，并固定掌控板与 RGB LED 灯带，如图 8-11 所示。

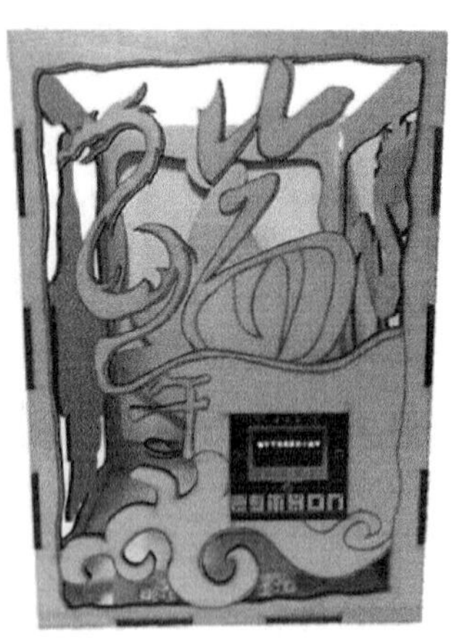

图8-11　端午节小故事的灯

8.5.5　程序编写

完整程序如图 8-12 所示。

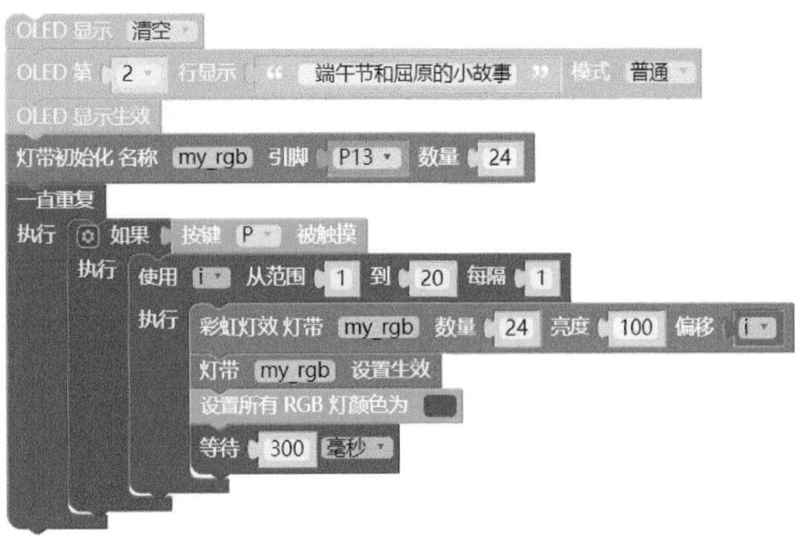

图8-12 讲故事的灯的程序

8.5.6 程序解读

1．显示灯的故事主题

掌控板 OLED 显示屏第二行显示“端午节和屈原的小故事”。

2．控制灯带的亮灭

触摸 P 键，灯带和板载 RGB LED 亮起；触摸 H 键，灯带和板载 RGB LED 熄灭。

3．控制声音的播放和停止

触摸 P 键，播放声音；触摸 Y 键，暂停声音；触摸 T 键，继续播放声音；触摸 H 键，停止播放声音。

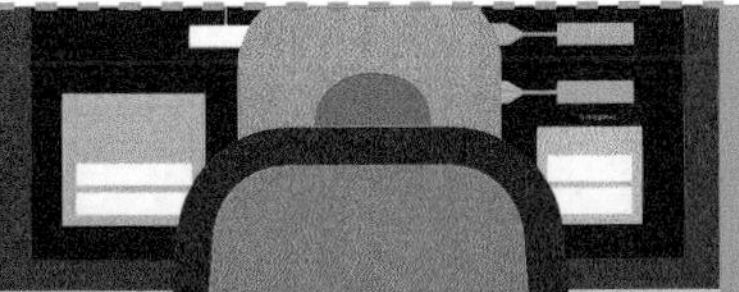

8.5.7 组装与调试

写入程序后，看看我们的灯是否与故事相互呼应，触摸传感器的功能都一一实现了吗？是否还需要对程序进行调试与改进？

8.6 迭代与升级

每一件初创作品都有很大的改进空间，在制作过程中，大家一定能意识到作品的不足之处，那么，可以采用什么方式去进行改进呢？请在表 8-1 中进行记录。

表 8-1 作品优化记录表

不足之处	改进措施

8.7 分享与评价

8.7.1 我的分享

创客的精神在于分享，请你为别人展示、分享自己的作品，说一说你对该作品最满意的部分，并在表 8-2 中进行记录。

表 8-2 作品分享陈述表

<table>
<tr><td rowspan="5">分享内容</td><td>作品的创新点</td><td></td></tr>
<tr><td>作品的功能演示</td><td></td></tr>
<tr><td>在作品制作过程中的反思</td><td></td></tr>
<tr><td></td><td></td></tr>
<tr><td></td><td></td></tr>
<tr><td rowspan="4">如何分享</td><td>分享展示，需要做哪些准备</td><td></td></tr>
<tr><td>我的分享重点</td><td></td></tr>
<tr><td></td><td></td></tr>
<tr><td></td><td></td></tr>
</table>

8.7.2 我的反思

在项目实现过程中，遇到了这样一些问题，在表 8-3 中记录遇到的问题和解决办法，便于以后出现类似问题时能更好地应对。

表 8-3 作品反思记录表

遇到的问题	解决办法

8.7.3 我的评价

请拿出你的画笔，在表 8-4 中填涂对自己的评价等级，5 颗星表示卓越，4 颗星表示优秀，3 颗星表示良好，2 颗星表示一般，1 颗星表示继续努力。

表 8-4 学习评价表

评价维度	评价标准	我的星数
项目作品	我能掌握 MP3 音乐播放器的使用方法	☆☆☆☆☆
	我的程序设计合理，能实现预期功能	☆☆☆☆☆
	我的作品结构美观，运用到了美术中的阴刻与阳刻的知识，与我的故事相互呼应	☆☆☆☆☆
学习表现	我能主动探索，遇到问题积极解决	☆☆☆☆☆
	我能与其他同学团结协作，分享交流	☆☆☆☆☆
	我能不断反思，形成一定的批判精神	☆☆☆☆☆

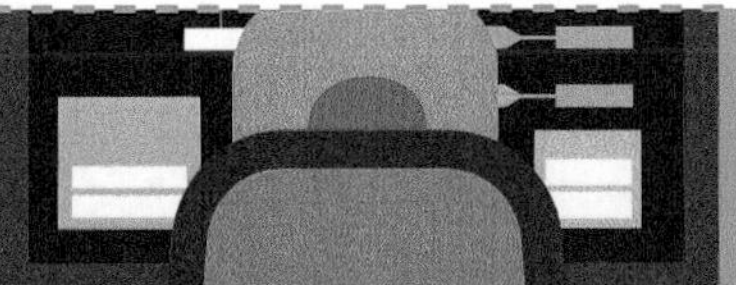

第 9 章　创意留声机

每当校园里开展歌咏比赛时，那一曲曲激动人心的歌，让我们的心灵再一次收获感动和震撼。现在拥有了掌控板，为什么不尝试创作一款留声机，如图 9-1 所示，让这悠扬的歌声可以常常围绕在我们身边呢？

图9-1　生活中的留声机

9.1　项目分析

如图 9-2 所示，要设计制作一台创意留声机，我们必须要解决两大问题：一是如何利用输出设备实现唱片的转动与歌曲的播放；二是如何设计一个控制装置，实现对歌曲曲目的控制。

图9-2　创意留声机案例

9.2 提出问题

9.2.1 问题清单

科学（S）	声音是如何产生的？
技术（T）	如何控制唱片曲目的播放？
工程（E）	（1）如何设计、制作留声机的结构？ （2）如何将其功能实现？
艺术（A）	如何美化其外观？
数学（M）	如何计算出唱针的旋转角度？

9.3 核心知识点

9.3.1 旋钮电位器

电位器是一种可调的电子元器件，由一个电阻体和一个转动或滑动系统组成。当电阻体的两个固定触点之间外加一个电压时，通过转动或滑动系统改变触点在电阻上的位置，动触点与固定触点之间便可得到一个与动触点位置成一定关系的电压。我们通过图9-3所示的旋扭电位器调节输出模拟量，可结合其他模块进行调节控制。

图9-3　旋钮电位器

9.4 方案规划

9.4.1 功能分解

需求分析	所需元器件及主要策略	程序模块
需要设计、制作留声机的结构。	可以用套件内的金属结构件及亚克力板实现。	

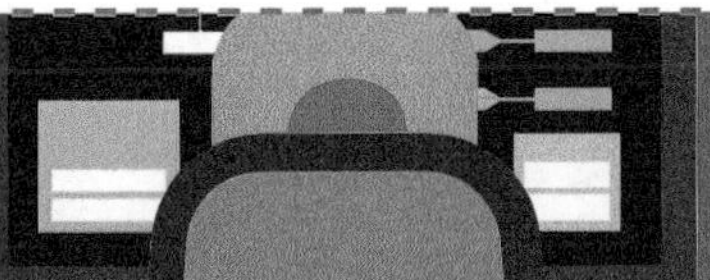

续表

需求分析	所需元器件及主要策略	程序模块
需要设计一个唱针的控制装置。	可以用传感器实现，案例中用旋钮电位器控制。	旋钮电位器 模拟值 引脚 P0
需要设计能让唱片转动和能播放歌曲的装置。	可以用外接输出设备如 TT 电机和 MP3 音乐播放器实现。	扩展板 打开直流电机 M1 正转 速度 85 MP3 播放第 1 首歌

9.4.2 方案构思

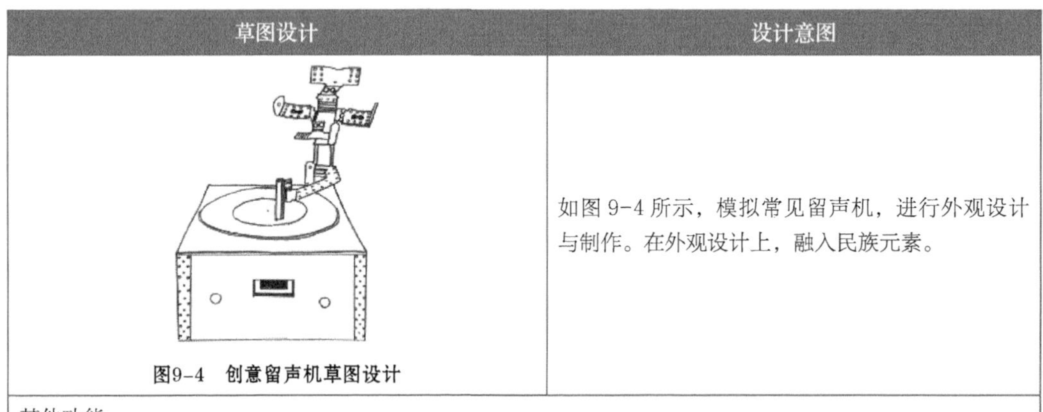

草图设计	设计意图
图9-4 创意留声机草图设计	如图 9-4 所示，模拟常见留声机，进行外观设计与制作。在外观设计上，融入民族元素。
其他功能： 利用旋钮电位器作控制装置，操作起来简单方便，当唱针旋转到一定角度区间时，唱片转动，播放对应歌曲曲目或者处于关闭状态。	

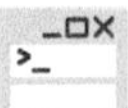

9.5 项目实施

9.5.1 旋钮电位器测试

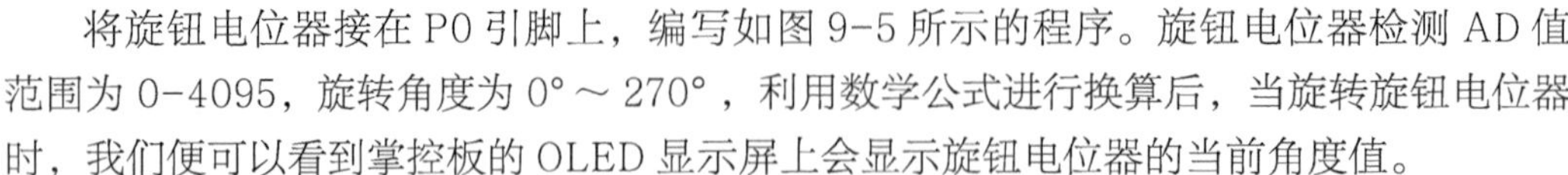

将旋钮电位器接在 P0 引脚上，编写如图 9-5 所示的程序。旋钮电位器检测 AD 值范围为 0-4095，旋转角度为 0° ～ 270° ，利用数学公式进行换算后，当旋转旋钮电位器时，我们便可以看到掌控板的 OLED 显示屏上会显示旋钮电位器的当前角度值。

图9-5 控制旋钮角度模块

9.5.2 结构设计制作

1. 利用绘图软件设计留声机底座的上板、底板、后板、两侧板如图 9-6 所示，选用 5mm 厚透明亚克力板进行激光切割，然后对切割出来的各个板喷漆上色，如图 9-7 所示。

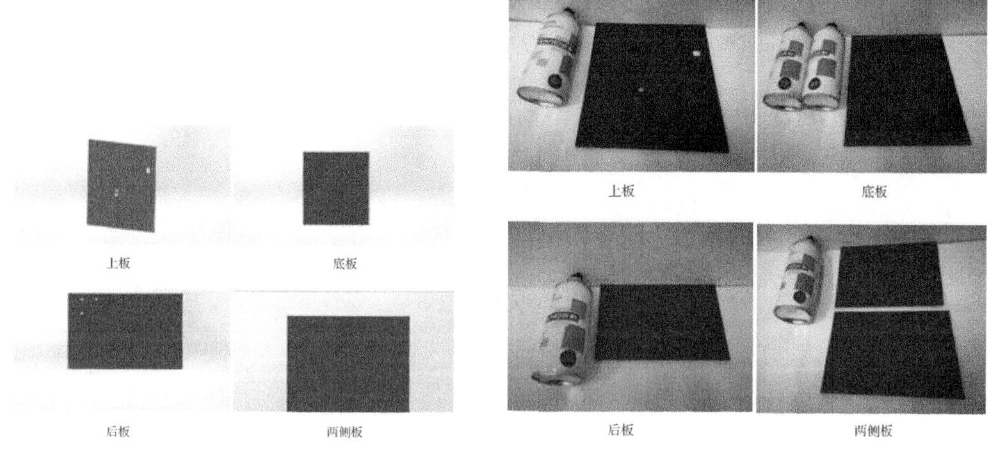

图9-6 设计图

图9-7 喷漆图

2. 利用绘图软件设计留声机底座的前板，在网上下载一张祝福祖国的图片进行喷绘打印后，将其粘贴在前板上。选用 5mm 厚透明亚克力板进行激光切割，然后用螺丝和螺母在前板预留出的孔位上将金属结构件固定在两侧，如图 9-8 所示。

图9-8 前板制作图

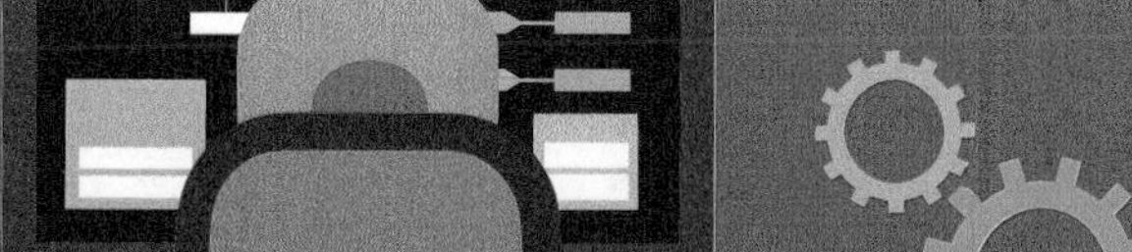

3. 利用绘图软件设计留声机的唱片、唱片与 TT 电机的连接轴。选用 5mm 厚透明亚克力板进行激光切割并雕刻盘面，然后对盘面喷漆上色。用 3D 打印机打印出唱片与 TT 电机的连接轴，将其固定在唱片的中心位置，如图 9-9 所示。将 TT 电机上的轴穿过上板上预留的孔位，套在用 3D 打印机打印出的唱片与 TT 电机的连接轴上，如图 9-10 所示。

图9-9　制作唱片

图9-10　安装唱片

4. 利用绘图软件设计留声机的唱针和旋钮电位器的连接轴，使用套件里提供的金属结构件搭建出留声机的喇叭和唱针。用 3D 打印机打印出唱针与旋钮电位器的连接轴，然后用螺丝和螺母将其固定在唱针上，如图 9-11 所示。将旋钮电位器的旋钮穿过上板上预留的孔位，套在用 3D 打印机打印出的唱针与旋钮电位器的连接轴上，将旋钮电位器固定在上板的反面位置，如图 9-12 所示。

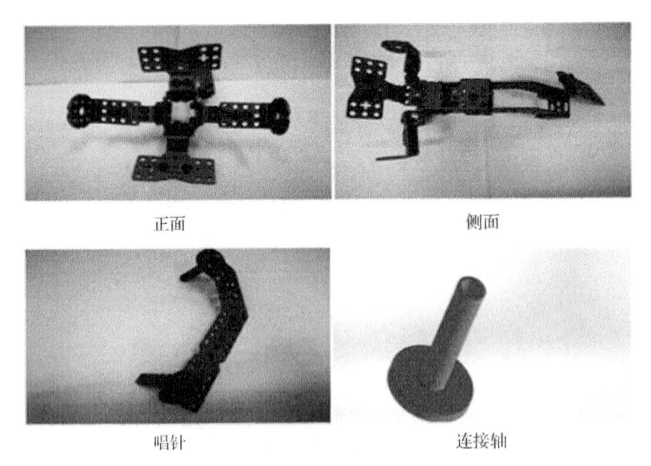

图9-11　制作喇叭唱针

图9-12　安装唱针

5. 用螺丝和螺母在后板预留出的孔位上将喇叭固定，然后用热熔胶将前板、后板、两侧板、底板粘牢固。将掌控板、掌控宝、MP3 音乐播放器固定在留声机底座内部的相

应位置上，最后将上板用热熔胶固定在留声机底座的顶部位置，如图 9-13 所示，此时，就已经完成了整个留声机的制作，如图 9-14 所示。

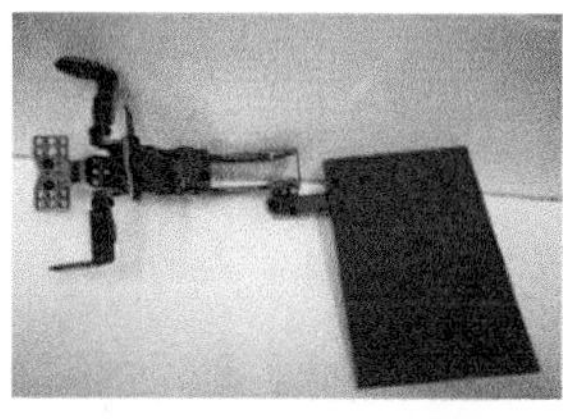

图9-13 安装创意留声机

图9-14 创意留声机效果图

9.5.3 电路连接

电路连接如图 9-15 所示。

图9-15 电路连接

9.5.4 程序编写

完整程序如图 9-16 所示。

```
OLED 显示 清空
初始化MP3 TX引脚 P16
设MP3音量 80
一直重复
执行 将变量 jiaodu 设定为 旋钮电位器 模拟值 引脚 P0 ÷ 4095 × 270
    如果 jiaodu ≥ 75 和 jiaodu ≤ 80
    执行 OLED 显示 清空
         显示文本 x 20 y 20 内容 "红旗飘飘" 模式 普通
         OLED 显示生效
         MP3 播放第 3 首歌
         扩展板 打开直流电机 M1 正转 速度 85
    否则 如果 jiaodu ≥ 65 和 jiaodu ≤ 70
         执行 OLED 显示 清空
              显示文本 x 20 y 20 内容 "爱我中华" 模式 普通
              OLED 显示生效
              MP3 播放第 2 首歌
              扩展板 打开直流电机 M1 正转 速度 85
         否则 如果 jiaodu ≥ 50 和 jiaodu ≤ 55
              执行 OLED 显示 清空
                   显示文本 x 20 y 20 内容 "今天是你的生日" 模式 普通
                   OLED 显示生效
                   MP3 播放第 1 首歌
                   扩展板 打开直流电机 M1 正转 速度 85
    如果 jiaodu < 28
    执行 扩展板 关闭直流电机
         MP3 播放 停止
         OLED 显示 清空
         OLED 显示生效
```

图9-16 创意留声机的程序

9.5.5 程序解读

1. 如何用唱针控制唱片曲目的播放?

利用逻辑判断语句，针对多个不同条件进行判断，根据判断结果来执行不同的语句。这里，我们给的判断条件是旋钮电位器的角度，设为 4 个判断条件：当唱针旋转到 75° ～ 80° 这个区间时（条件 1）播放唱片的第 3 首歌曲；当唱针旋转到 65° ～ 70° 这个区间时（条件 2）播放唱片的第 2 首歌曲；当唱针旋转到 50° ～ 55° 这个区间时（条件 3）播放唱片第 1 首歌曲；当唱针旋转到 0° ～ 27° 这个区间时（条件 4），唱片停止播放歌曲，掌控板 OLED 显示屏关闭。

2. 唱片曲目的播放。

对 MP3 音乐播放器的音量进行初始化设置，当满足逻辑判断条件时，利用 MP3 音乐播放器，播放对应曲目。

9.5.6 组装与调试

写入程序后，感受一下创意留声机播放唱片的效果如何，和我们预期的有差距吗？

9.6 迭代与升级

每一件初创作品都有很大的改进空间，在制作过程中，大家一定能意识到作品的不足之处，那么，可以采用什么方式去进行改进呢？请在表 9-1 中进行记录。

表 9-1 作品优化记录表

不足之处	改进措施

9.7 分享与评价

9.7.1 我的分享

创客的精神在于分享，请你为别人展示、分享自己的作品，说一说你对该作品最满意的部分，并在表 9-2 中进行记录。

表 9-2 作品分享陈述表

分享内容	作品的创新点	
	作品的功能演示	
	在作品制作过程中的反思	

续表

如何分享	分享展示，需要做哪些准备	
	我的分享重点	

9.7.2 我的反思

在项目实现过程中，我遇到了一些问题，在这里记录遇到的问题和解决办法，便于以后出现类似问题时能更好地应对，并在表 9-3 中进行记录。

表 9-3 作品反思记录表

遇到的问题	解决办法

9.7.3 我的评价

请拿出你的画笔，在表 9-4 中填涂对自己的评价等级，5 颗星表示卓越，4 颗星表示优秀，3 颗星表示良好，2 颗星表示一般，1 颗星表示继续努力。

表 9-4 学习评价表

评价维度	评价标准	我的星数
项目作品	我能掌握旋钮电位器的用法	☆☆☆☆☆
	我的程序设计合理，能实现预期功能	☆☆☆☆☆
	我的作品结构稳固，外观精美，功能实用	☆☆☆☆☆
学习表现	我能主动探索，遇到问题积极解决	☆☆☆☆☆
	我能与其他同学团结协作，分享交流	☆☆☆☆☆
	我能不断反思，形成一定的批判精神	☆☆☆☆☆

第 10 章　创意日晷

日晷，本义是指太阳的影子，后来多指古人利用日影测时刻的一种计时仪器，如图 10-1 所示，其利用太阳的投影方向测定并划分时刻，通常由晷针（表）和晷面（带刻度的表座）组成。利用日晷计时的方法是人类在天文计时领域的重大发明，这项发明被人类沿用达几千年之久。那么我们能否利用掌控板、掌控宝及创客马拉松套件对日晷进行数字化的模拟呢？

图10-1　赤道式日晷

10.1　项目分析

日晷是利用太阳的投影方向来测定并划分时刻的，我们可以利用光与影的关系制作一个创意日晷，模拟太阳光下赤道式日晷的工作原理（忽略太阳高度角的变化）。如图 10-2 所示，要设计制作一个赤道式日晷必须解决两大问题：一是日晷晷面与所在地的地面的夹角问题，二是制作光源模拟太阳的东升西落。

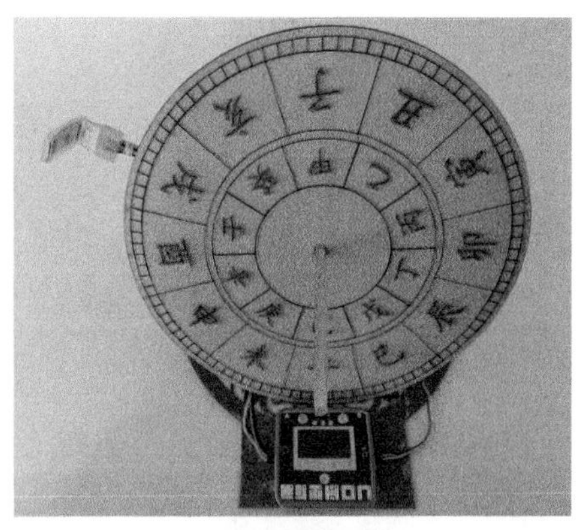

图10-2　创意日晷案例

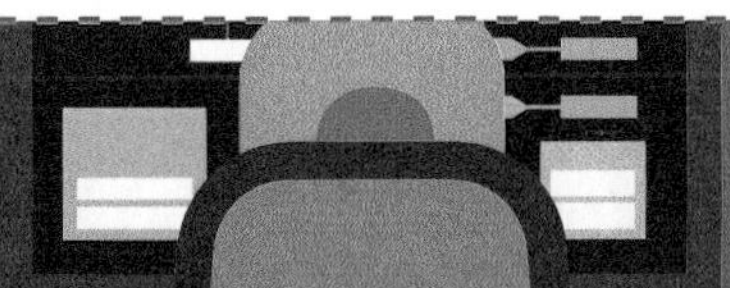

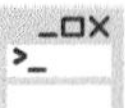

10.2 提出问题

10.2.1 问题清单

科学（S）	如何计量时间？
技术（T）	如何实现光源的定向移动？
工程（E）	（1）如何设计、制作创意日晷的结构？ （2）如何进行组装？
艺术（A）	如何呈现富有美感的整体设计和雕花搭配？
数学（M）	如何控制光源随时间的变化而移动？

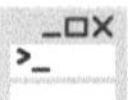

10.3 核心知识点

10.3.1 舵机的使用方法

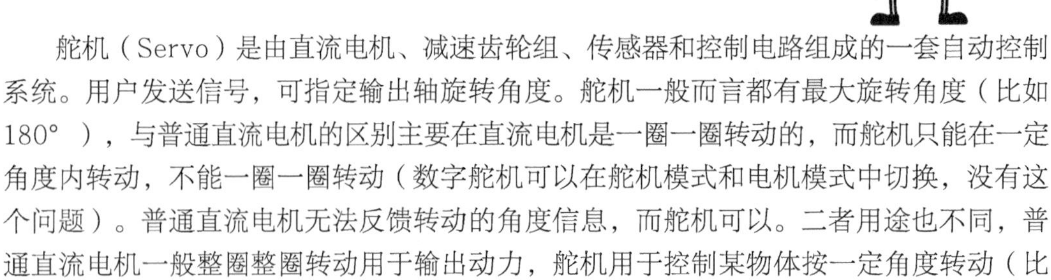

舵机（Servo）是由直流电机、减速齿轮组、传感器和控制电路组成的一套自动控制系统。用户发送信号，可指定输出轴旋转角度。舵机一般而言都有最大旋转角度（比如180°），与普通直流电机的区别主要在直流电机是一圈一圈转动的，而舵机只能在一定角度内转动，不能一圈一圈转动（数字舵机可以在舵机模式和电机模式中切换，没有这个问题）。普通直流电机无法反馈转动的角度信息，而舵机可以。二者用途也不同，普通直流电机一般整圈整圈转动用于输出动力，舵机用于控制某物体按一定角度转动（比如机器人的关节）。

标准的9g舵机（见图10-3）有3条引线，分别是电源线VCC、地线GND和信号控制线。

图10-3　9g舵机

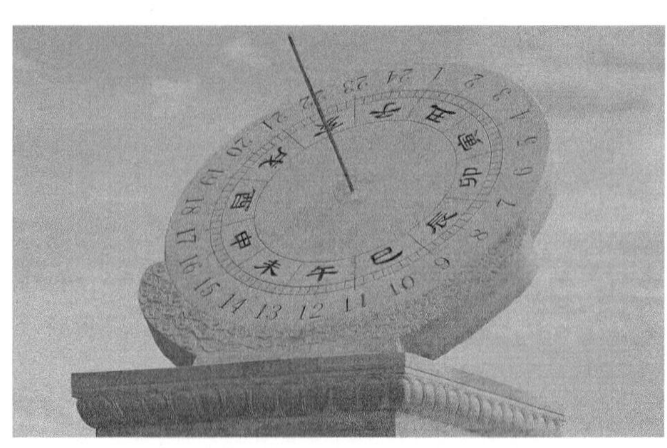

图10-4　故宫的日晷

10.3.2 日晷相关地理知识

无论何种形式的日晷都有一根指时针（见图 10-4），俗称晷针，晷针与地平面的夹角必须与当地的地理纬度相同，并且指向北极星，也就是说，晷针是与地球自转轴平行的。

武汉的地理纬度是北纬 29° 58′ ～31° 22′ （此处取值为北纬 30° ）。晷针与地面的夹角为 30° ，晷面与地面的夹角应为 60° 。

10.4 方案规划

10.4.1 功能分解

需求分析	所需元器件及主要策略	程序积木
需要制作一个日晷结构。	用激光切割技术设计、制作结构，切割时在底座切割出外边形状的基础上辅以花纹雕刻，晷面雕刻出十二时辰的刻度以及文字，晷针则使用一次性筷子来制作，也可以用废旧的钉子、木棒等进行改装。	
需要固定舵机并让舵机转动。	舵机必须固定在一个位置，以保证灯带发出的光可以模拟太阳光的运行路线（忽略太阳高度角）。	设置舵机 P0 角度为 0 执行 如果 本地时间 时 ≥ 6 和 本地时间 时 < 18 执行 将变量 sum 设定为 int 本地时间 时 × 60 + 本地时间 分 将变量 angle 设定为 int 映射 sum 从 360 , 1080 到 0 , 180 设置舵机 P0 角度为 angle 打印 转为文本 angle
需要注意晷面与所在地地面的夹角。	赤道式日晷的晷针与地面的夹角为所在地的纬度值，可使用三角板固定底座和晷面，并保证晷面和晷针与所在地地面的角度值固定。	
需要在掌控板上显示当前时间。	连接 Wi-Fi，写入程序。	连接 Wi-Fi 名称 “ ” 密码 “ ” 同步网络时间 时区 东8区 授时服务器 ntp.ntsc.ac.cn 执行 清空 6 17 time s1 time s2 仿数码管 30像素 不换行 100 28 time s3 仿数码管 21像素 不换行
需要将灯带的连接线端剪下 3 个灯并让灯带发光。	由于灯带是在晷面的外环运动，必须使用支架支撑，并在支架的另一端和舵机连接。	灯带初始化 名称 my_rgb 引脚 P13 数量 24 灯带 my_rgb 0 号 颜色为 灯带 my_rgb 设置生效

10.4.2 方案构思

<table>
<tr><th>草图设计</th><th>设计意图</th></tr>
<tr><td>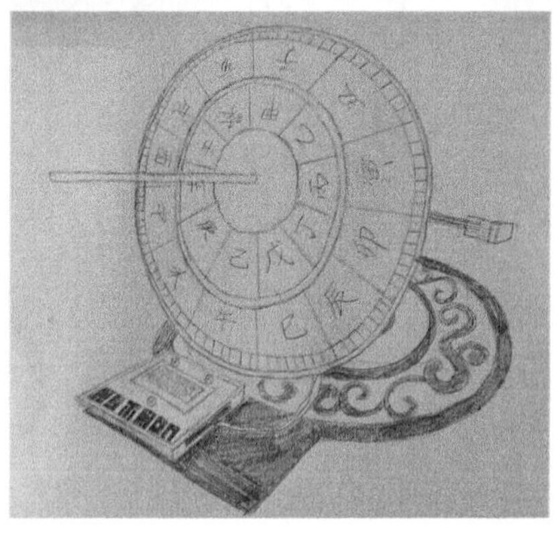
图10-5 创意日晷草图设计</td><td>如图 10-5 所示，本作品的灵感来源于教科版小学科学五年级上册《光》单元，其中有“光和影”“阳光下的影子”“光的反射”等内容。武汉版三年级信息技术有《影子游戏我来玩》的课程内容。这些内容都讲到了光影关系，但在实际的操作中，存在手动操作不稳定、移动距离不精确等问题，影响了实验的有效性、高效性以及绘图的准确性。为此，我们设计、制作了该项目。</td></tr>
<tr><td colspan="2">其他功能：
本项目是以武汉市所在地的纬度来确定晷面与地面的夹角的，如果想在不同地区使用，可以加一个舵机改变晷面与地面的夹角，使作品通用性更强。</td></tr>
</table>

10.5 项目实施

10.5.1 结构设计制作

1. 晷面：如图 10-6 所示设计晷面，利用激光切割技术制作。另外，本项目的赤道式日晷忽略了太阳高度角的变化，所以对晷面进行单面雕刻。

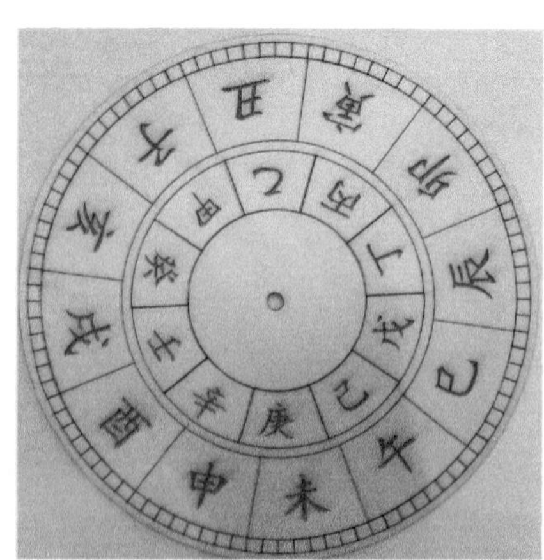

图10-6 晷面

2. 支撑板：支撑板的形状是根据赤道日晷的原理设计的，武汉的地理位置是在东经 113° 41′ ～115° 05′，北纬 29° 58′ ～31° 22′（这里取值为北纬 30°），为了保证晷针与地面的夹角为 30°、晷面与地面的夹角为 60°，支撑板采用了角度值为 30°、60° 和 90° 的直角三角形作为基本形状，如图 10-7 所示。

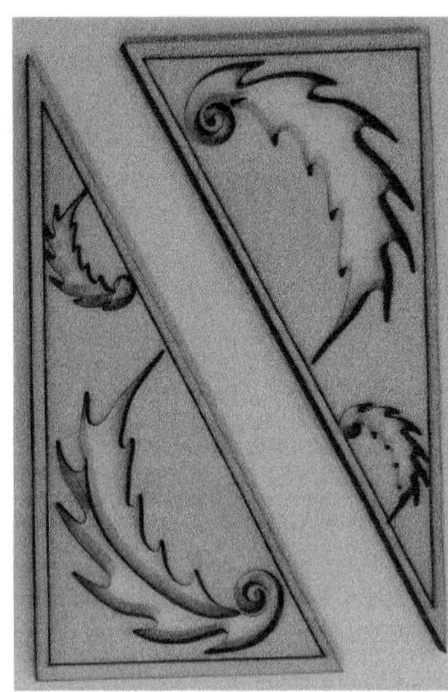

图10-7　支撑板

3. 底座和连接杆的设计如图 10-8 所示。

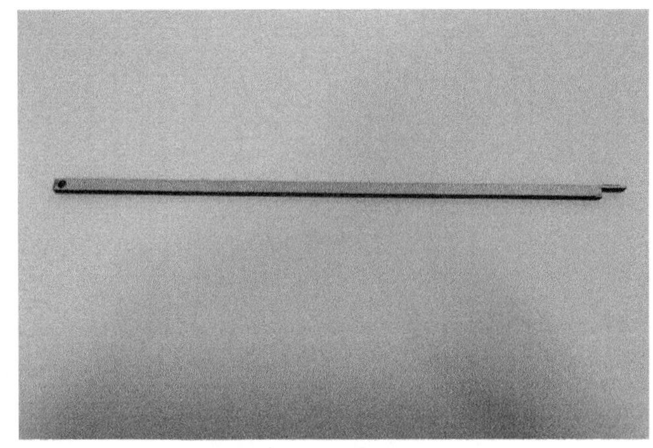

图10-8　底座和支撑杆

10.5.2　结构搭建

1. 结构搭建如图 10-9 至图 10-12 所示。

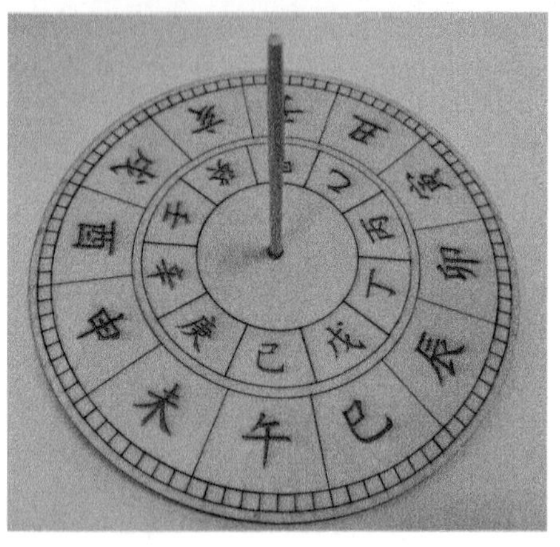

图10-9 连接晷面和晷针

图10-10 连接底座和支撑板

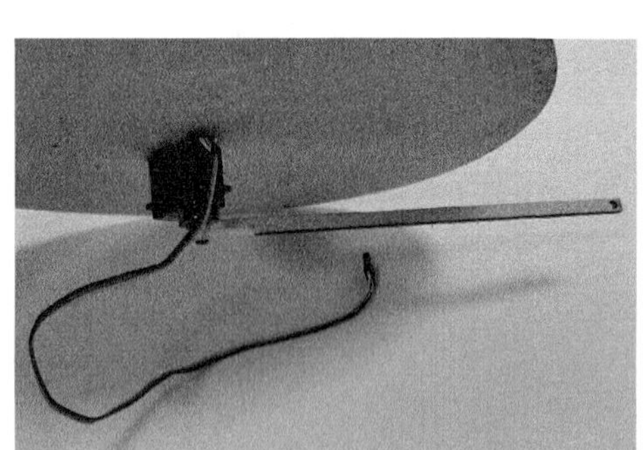

图10-11 连接舵机和支撑杆

图10-12 结构搭建示意

2. 灯带改建。

（1）灯带连接。

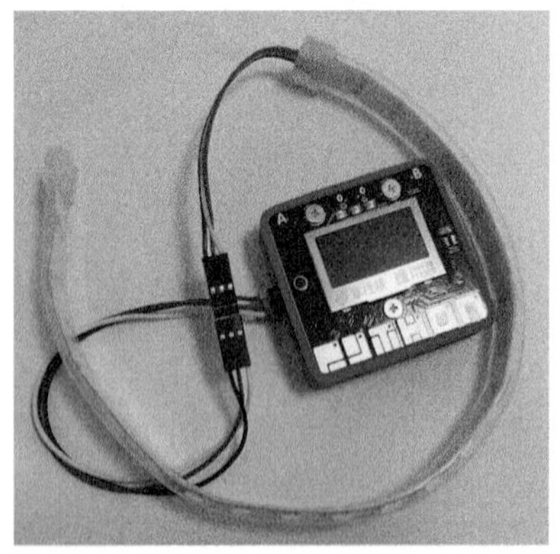

图10-13 将灯带连接到掌控板上

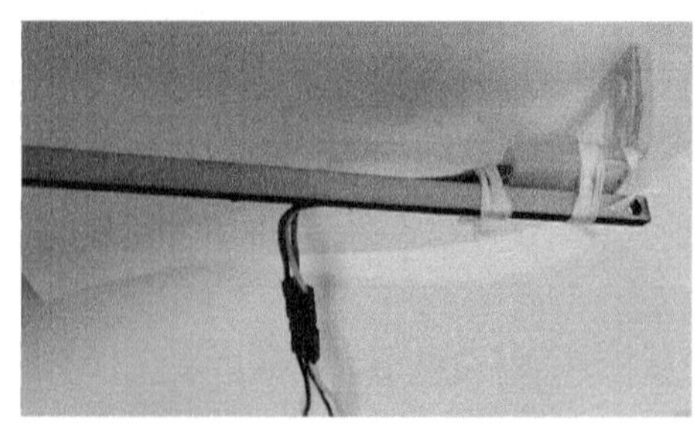

图10-14 将灯带用细线固定在支撑杆上

（2）从灯带的连接线端剪下 3 个灯，并用细线将灯带固定在支撑杆上，将有连接线一端的灯和另两个灯折叠后保持垂直状态，如图 10-14 所示。

10.5.3　电路连接

掌控宝分别连接舵机和灯带，如图 10-15 所示。

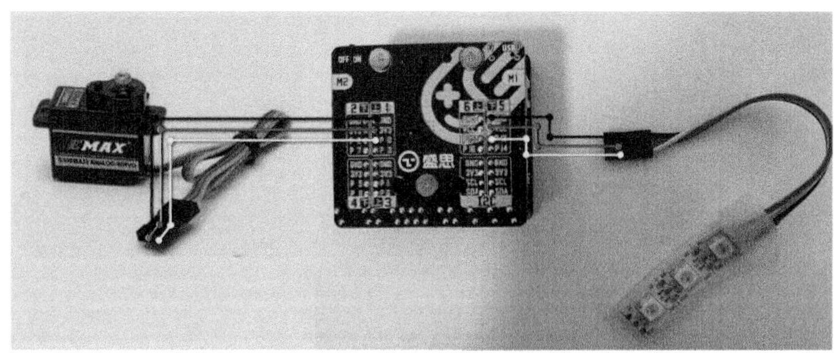

图10-15　舵机和灯带的连接

10.5.4　程序编写

完整程序如图 10-16 所示。

```
连接 Wi-Fi 名称 密码
同步网络时间 时区 东8区 授时服务器 ntp.ntsc.ac.cn
OLED 显示 清空
设置舵机 P0 角度为 0
灯带初始化 名称 my_rgb 引脚 P13 数量 5
灯带 my_rgb 0 号 颜色为
灯带 my_rgb 设置生效
一直重复
执行 将变量 time_s1 设定为 转为文本 本地时间 时 ÷ 10 商的整数部分
                                   本地时间 时 ÷ 10 的余数
     将变量 time_s2 设定为 转为文本 本地时间 分 ÷ 10 商的整数部分
                                   本地时间 分 ÷ 10 的余数
     将变量 time_s3 设定为 转为文本 本地时间 秒 ÷ 10 商的整数部分
                                   本地时间 秒 ÷ 10 的余数
     OLED 显示 清空
     在坐标 x 6 y 17 显示 time_s1 追加文本 " : " 追加文本 time_s2 仿数码管 30像素 不换行
     在坐标 x 100 y 28 显示 time_s3 仿数码管 21像素 不换行
     OLED 显示生效
     如果 本地时间 时 ≥ 6 和 本地时间 时 < 18
     执行 将变量 sum 设定为 int 本地时间 时 × 60 + 本地时间 分
          将变量 angle 设定为 int 映射 sum 从 360 , 1080 到 0 , 180
          设置舵机 P0 角度为 angle
          打印 转为文本 angle
```

图10-16　创意日晷的程序

10.5.5 程序解读

1. 使用 Wi-Fi 模块同步时间，并同步网络时间，将时间显示在掌控板的 OLED 显示屏上面，即时刷新时和分。

2. 使用晷面背后的舵机连接灯带，模拟太阳的运行轨迹（忽略太阳高度角），我们将一天中的 6:00 ～ 18:00 这个时间段，以分钟为单位划分，范围为 6×60+0 ～ 18×60+0，得出的数值（360 ～ 1080）分钟映射到晷面上，并使晷针影子的位置从正卯时到正酉时按分钟移动，晷针的影子在晷面上每 4 分钟移动 1°。

10.5.6 组装与调试

对制作进行组装，写入程序后，感受一下创意日晷的功能（见图 10-17）和我们的预期有差距吗？

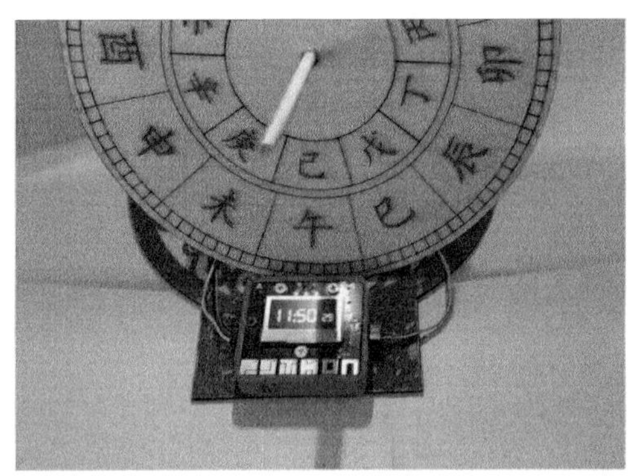

图10-17 案例图

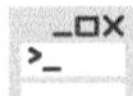

10.6 迭代与升级

每一件初创作品都有很大的改进空间，在制作过程中，大家一定能意识到作品的不足之处，那么可以采用什么方式去进行改进呢？请在表 10-1 中进行记录。

表 10-1 作品优化记录表

不足之处	改进措施

10.7 分享与评价

10.7.1 我的分享

创客的精神在于分享，请你为别人展示、分享自己的作品，说一说你对该作品最满意的部分，并在表 10-2 中进行记录。

表 10-2 作品分享陈述表

分享内容	作品的创新点	
	作品的功能演示	
	在作品制作过程中的反思	
如何分享	分享展示，需要做哪些准备	
	我的分享重点	

10.7.2 我的反思

在项目实现过程中，我遇到了一些问题，在表 10-3 中记录遇到的困难和解决办法，便于以后出现类似问题时能更好地应对。

表 10-3 作品反思记录表

遇到的问题	解决办法

10.7.3 我的评价

请拿出你的画笔，在表 10-4 中填涂对自己的评价等级，5 颗星表示卓越，4 颗星表示优秀，3 颗星表示良好，2 颗星表示一般，1 颗星表示继续努力。

表 10-4　学习评价表

评价维度	评价标准	我的星数
项目作品	我能掌握 9g 舵机的使用方法	☆☆☆☆☆
	我的程序设计合理，能实现预期功能	☆☆☆☆☆
	我的作品结构稳固，外观简洁，功能实用	☆☆☆☆☆
学习表现	我能主动探索，遇到问题积极解决	☆☆☆☆☆
	我能与其他同学团结协作，分享交流	☆☆☆☆☆
	我能不断反思，对作品进行优化升级	☆☆☆☆☆

10.8　能力拓展

纬度区：人们一般把纬度三等分，低纬度是 0°～30°，中纬度是 30°～60°，高纬度是 60°～90°（南北极点）。

天赤道：位于地球赤道的正上方赤道平面与天球相截所得的大圆称为天赤道。天赤道把天球等分为北天半球和南天半球。

日晷：日晷依晷面所放位置、摆放角度、使用地区的不同，可分成地平式、赤道式、子午式、卯酉式、立晷等多种，应用范围也不尽相同。

按晷面的摆放角度，日晷可分为地平式、垂直式、赤道式。

赤道式日晷：晷面为赤道面，依照使用地的纬度，使赤道式日晷的晷面平行于赤道面。晷盘上的刻度是等分的，夏季和冬季轴投影在晷盘上的影子会分在晷盘的北面和南面，适合中低纬度地区使用。若将晷盘改为圆环则称为赤道式罗盘日晷。

赤道式日晷亦称斜晷。赤道式日晷是所有日晷中最重要和最常见的，也是中国古代最经典和传统的天文观测仪器。

赤道式日晷使用方法：等分圆盘，每小时相当于 15°，正午线垂直朝下。

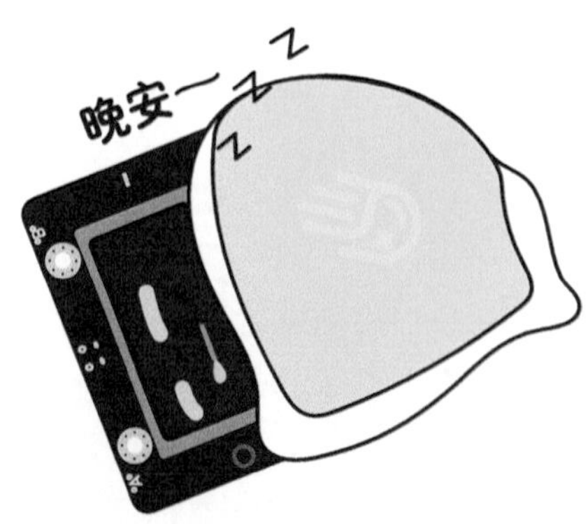

第 11 章　投篮高手

图11-1　投篮的瞬间

在篮球场上，运动员们投篮得分是最让观众激动的时刻，如图 11-1 所示。对于 NBA 著名球员来说，投篮更是他们的看家本领。篮球出手，在空中划过优美的弧线，进入篮框，清脆落下，全场立即掌声雷动。那么，我们能否利用手中的掌控板、掌控宝和创客马拉松套件还原这一精彩瞬间，设计、制作一个“投篮高手”呢?

11.1　项目分析

如图 11-2 所示，我们可以设计一个“投篮高手”小车以及和与小球尺寸对应的篮球架，通过遥控手柄控制小车行动和投篮。要实现这一目标，我们首先要设计外观，利用有限的材料尽可能地搭建“投篮高手”的框架结构，然后通过编程实现功能，最后测试运行。

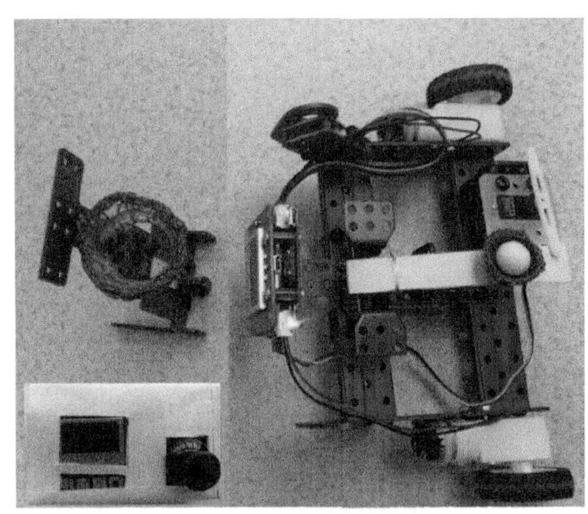

图11-2　“投篮高手”小车

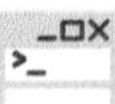

11.2 提出问题

11.2.1 问题清单

科学（S）	（1）篮球投出后斜抛运动的运动轨迹有什么特点？ （2）篮球落点与什么条件相关？
技术（T）	（1）如何设计投篮装置？ （2）如何控制“投篮高手”行动和投篮？ （3）如何设计程序？
工程（E）	（1）怎样设计投射装置以提升“投篮高手”的命中率？ （2）如何利用金属套件和废旧材料制作“投篮高手”和篮筐？
艺术（A）	怎样设计让“投篮高手”兼顾稳定性和美观度？
数学（M）	如何计算“投篮高手”、篮筐、篮球之间的尺寸和比例？

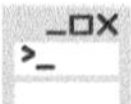

11.3 核心知识点

11.3.1 摇杆传感器

摇杆传感器类似游戏手柄的操纵杆，通过控制操纵杆方向改变 x、y 的值以及在特定的值下实现某种功能。

如图 11-3 所示，摇杆具有 x、y 两轴模拟输出，可以制作遥控器用于控制运动物体的方向、速度。摇杆传感器有 4 个引脚，其中 A1 定义为 x 坐标模拟量，A0 定义为 y 坐标模拟量。

图11-3　摇杆传感器

不同的摇杆转动到各个方向时，对应的 x、y 坐标的模拟值并不一定相同。因此，使用前我们需要测试不同方向摇杆的模拟值，找到表示特征的模拟值范围。如本案例所用的摇杆在转到最右侧时，x 坐标的模拟值一定大于 4000，因此我们用 $x>4000$ 表示摇杆拨到右边这个动作。测试摇杆模拟值的程序如图 11-4 所示。

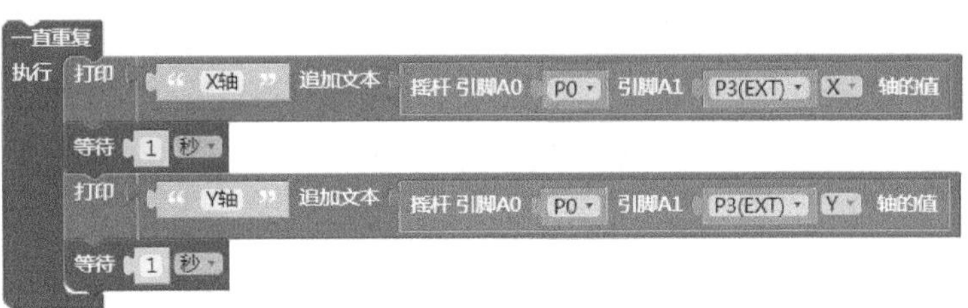

图11-4　串口打印摇杆传感器x坐标、y坐标的模拟值

11.3.2　无线广播

无线广播是一种以无线发射的方式传播信息的设备，收发方便、速度快、覆盖范围广。设置广播频道可以实现一定区域的简易组网通信，只有在相同通道下，成员才可以接收广播消息。

软件提供 13 个 2.4GHz 无线通信频道，射频一般是微波，适用于短距离文本通信，如图 11-5 所示。

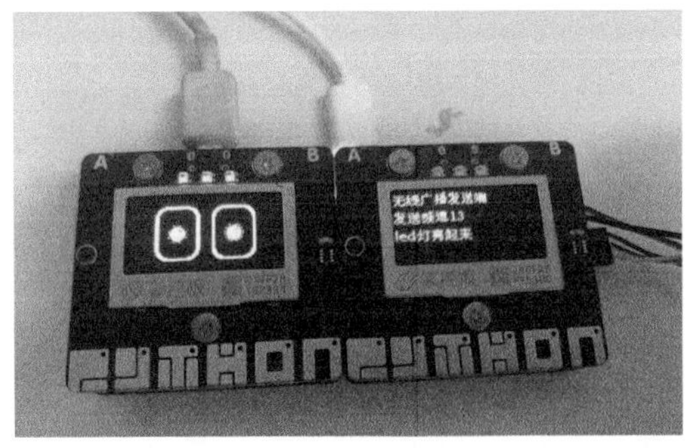

图11-5　掌控板无线广播

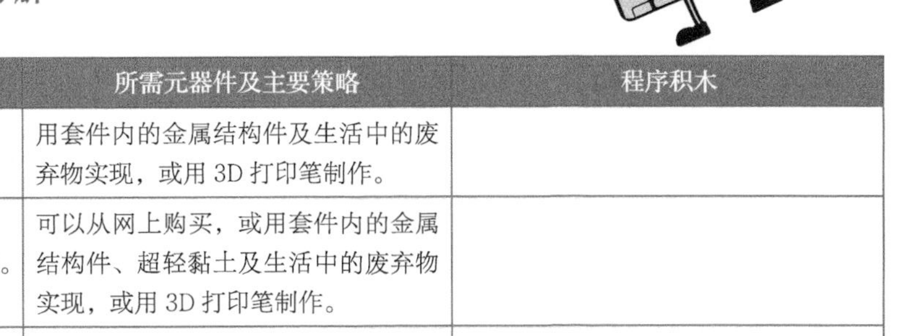

11.4　方案规划

11.4.1　功能分解

需求分析	所需元器件及主要策略	程序积木
制作“投篮高手”。	用套件内的金属结构件及生活中的废弃物实现，或用 3D 打印笔制作。	
准备一个篮筐、篮球及架子。	可以从网上购买，或用套件内的金属结构件、超轻黏土及生活中的废弃物实现，或用 3D 打印笔制作。	
舵机能控制篮球进行投射。	利用橡皮筋的弹性，制作可以投篮的装置。	

续表

需求分析	所需元器件及主要策略	程序积木
制作控制小车的遥控手柄。	旧物利用，制作手柄外观且编程实现。	摇杆 引脚A0 P0 引脚A1 P3(EXT) X 轴的值
无线广播发送消息。	手柄通过无线广播发送指令，控制小车行动和投篮。	打开 无线广播 设无线广播 频道为 13 无线广播 发送 “ msg ” 无线广播 接收消息 当 收到无线广播消息 _msg 时 执行 当 收到特定无线广播消息 on 时 执行

11.4.2　方案构思

草图设计	设计意图
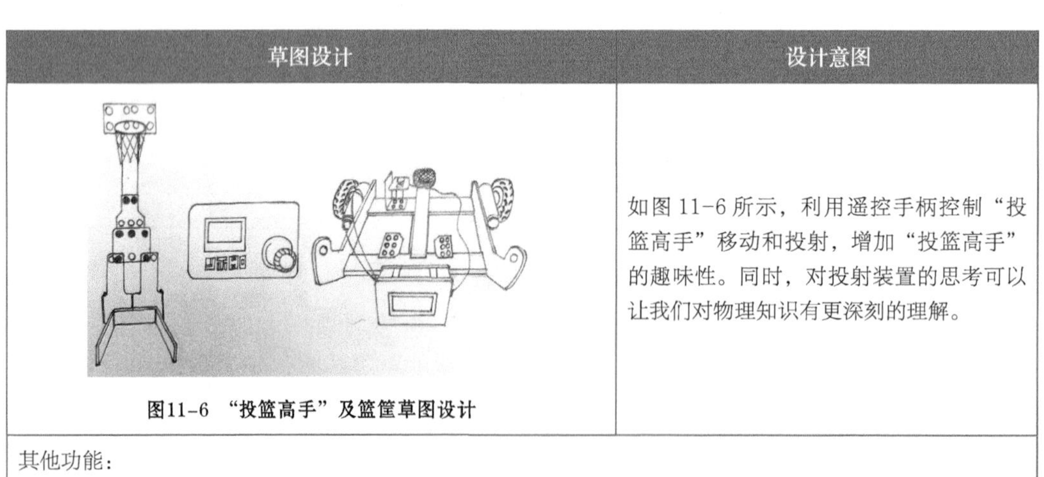 图11-6　“投篮高手”及篮筐草图设计	如图 11-6 所示，利用遥控手柄控制“投篮高手”移动和投射，增加“投篮高手”的趣味性。同时，对投射装置的思考可以让我们对物理知识有更深刻的理解。
其他功能： 类似方法也可以制作投石车、愤怒的小鸟等游戏装置。	

11.5　项目实施

11.5.1　结构设计与制作

1. 制作“投篮高手”

准备材料：掌控板和掌控宝、2 个 TT 电机、2 个车轮、1 个万向轮、1 个舵机、2 个

3×19-O 型双转连接件、2 个 2×15 双孔双层梁、1 个 3×8-B 型直角电机连接件、4 个 2×5-B 型凸形直角连接件、2 个 3×7-B 型直角连接件、2 个 1×9-O 型连接件、1 个 3×4-B 型直角连接件（注："投篮高手"结构搭建仅供参考）。

（1）用金属结构件搭建小车框架，并将 2 个电机（带车轮）和 1 个万向轮安装在小车框架上，如图 11-7 和图 11-8 所示。

图11-7 "投篮高手"框架（俯视）

图11-8 "投篮高手"框架（底面）

（2）利用冰棒棍、废塑料片制作投篮手柄，用彩笔（或 3D 打印笔、超轻黏土）装饰放置篮球的小框，如图 11-9 所示。

图11-9 投篮手柄

（3）将 4 个 2×5-B 型凸形直角连接件拼接成"几"字形，利用橡皮筋将投篮手柄固定在"投篮高手"框架的主梁上。在竖梁上固定一个 3×7-B 型直角连接件，与投篮手柄形成杠杆支架，手柄前端用橡皮筋压住，让手柄在自然状态下后端向上，需要用外力才能保持水平。

（4）将舵机安装在后面横梁上，利用舵机叶片把投篮装置下压至水平，当叶片转动 90° 时，投篮手柄迅速弹起，将框内篮球投射出去，如图 11-10 所示。

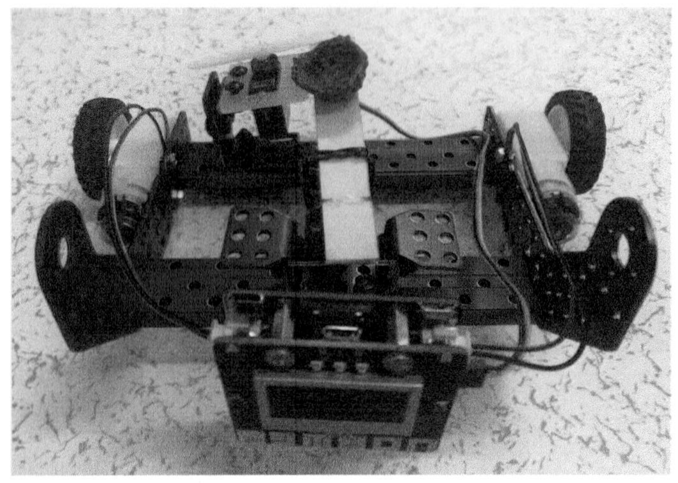

图11-10　安装舵机及投射装置

2. 制作遥控手柄

准备材料：掌控板和掌控宝、摇杆传感器、250mL 的空牛奶盒。

（1）用彩纸将空牛奶盒包上，精确测量掌控板和摇杆传感器尺寸，在空牛奶盒上镂空出安装位置。

（2）程序测试完成后，将掌控板和摇杆传感器连接好，固定到空牛奶盒中预留的位置，效果如图 11-11 所示。

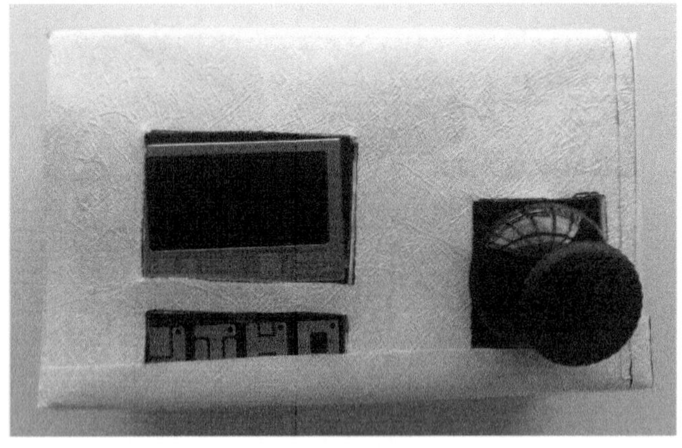

图11-11　遥控手柄

3. 制作篮球架

使用废矿泉水瓶、金属结构件组装大小合适的篮球架（图 11-12 和图 11-13 仅作参考）。

图11-12 篮球架正面

图11-13 篮球架侧面

11.5.2 电路连接

1. “投篮高手”的电路连接如图 11-14 所示。

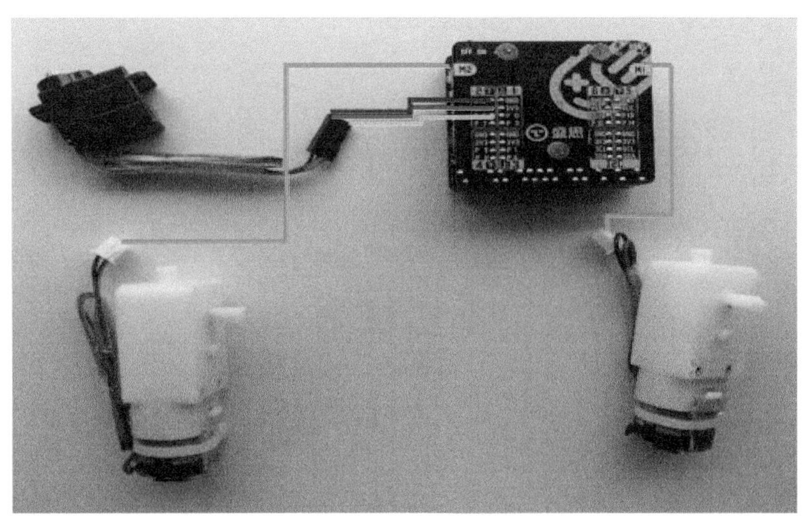

图11-14 “投篮高手”连接示意图

2. 遥控手柄与控制板的电路连接如图 11-15 所示。

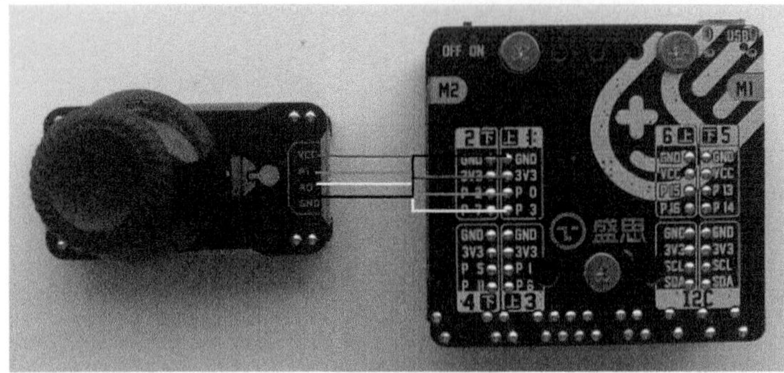

图11-15　遥控手柄连接图

11.5.3　程序编写

1. “投篮高手”的完整程序如图 11-16 所示。

```
打开 无线广播
设无线广播 频道为 13

当按键 B 被 按下 时
执行 设置舵机 P0 角度为 0
     扩展板 打开直流电机 M1 正转 速度 0
     扩展板 打开直流电机 M2 反转 速度 0

当收到无线广播消息 _msg 时
执行 打印 _msg
     如果 _msg = “1”
     执行 设置 所有 RGB 灯颜色为
          扩展板 打开直流电机 M1 反转 速度 100
          扩展板 打开直流电机 M2 正转 速度 100
     如果 _msg = “2”
     执行 设置 所有 RGB 灯颜色为
          扩展板 打开直流电机 M1 反转 速度 50
          扩展板 打开直流电机 M2 正转 速度 100
     如果 _msg = “3”
     执行 设置 所有 RGB 灯颜色为
          扩展板 打开直流电机 M1 反转 速度 100
          扩展板 打开直流电机 M2 正转 速度 50
     如果 _msg = “4”
     执行 设置 所有 RGB 灯颜色为
          扩展板 打开直流电机 M1 正转 速度 100
          扩展板 打开直流电机 M2 反转 速度 100
     如果 _msg = “5”
     执行 设置 所有 RGB 灯颜色为
          设置舵机 P0 角度为 90
     如果 _msg = “0”
     执行 关闭 所有 RGB 灯
          扩展板 打开直流电机 M1 正转 速度 0
          扩展板 打开直流电机 M2 反转 速度 0
```

图11-16　“投篮高手”的程序

2. 遥控手柄的程序如图 11-17 所示。

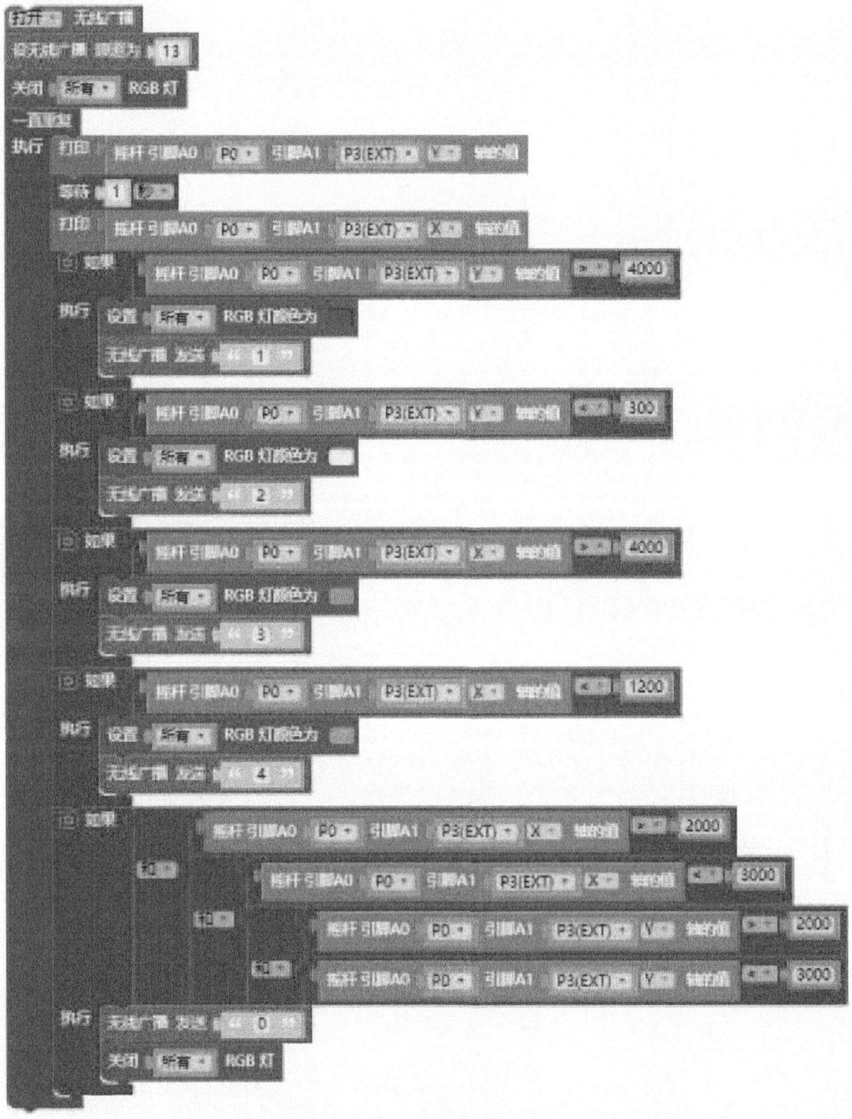

```
打开 无线广播
设无线广播 频道为 13
关闭 所有 RGB 灯
一直重复
执行 打印 摇杆 引脚A0 P0 引脚A1 P3(EXT) Y 轴的值
     等待 1 秒
     打印 摇杆 引脚A0 P0 引脚A1 P3(EXT) X 轴的值
     如果 摇杆 引脚A0 P0 引脚A1 P3(EXT) Y 轴的值 > 4000
     执行 设置 所有 RGB 灯颜色为
          无线广播 发送 "1"
     如果 摇杆 引脚A0 P0 引脚A1 P3(EXT) Y 轴的值 < 300
     执行 设置 所有 RGB 灯颜色为
          无线广播 发送 "2"
     如果 摇杆 引脚A0 P0 引脚A1 P3(EXT) X 轴的值 > 4000
     执行 设置 所有 RGB 灯颜色为
          无线广播 发送 "3"
     如果 摇杆 引脚A0 P0 引脚A1 P3(EXT) X 轴的值 < 1200
     执行 设置 所有 RGB 灯颜色为
          无线广播 发送 "4"
     如果 摇杆 引脚A0 P0 引脚A1 P3(EXT) X 轴的值 > 2000
          和 摇杆 引脚A0 P0 引脚A1 P3(EXT) X 轴的值 < 3000
          和 摇杆 引脚A0 P0 引脚A1 P3(EXT) Y 轴的值 > 2000
          和 摇杆 引脚A0 P0 引脚A1 P3(EXT) Y 轴的值 < 3000
     执行 无线广播 发送 "0"
          关闭 所有 RGB 灯
```

图11-17　遥控手柄的程序

11.5.4　程序解读

1. 通过摇杆 *x* 坐标、*y* 坐标的模拟量，判断用户操作摇杆行为，并发送不同的广播信息给“投篮高手”。（注意：本案例中无线广播发送“1”至“5”的信息都属于文本类型而非数字类型。）

2. 小车接收到不同广播指令后进行判断，进而控制“投篮高手”前、后、左、右运动。

3. 电机是对称安装在小车两侧的，小车要顺利地前、后、左、右移动，需要对电机正反转和转速进行相应设置。电机的设置请参考表 11-1。

表 11-1 小车电机参数

小车行进方向	左侧电机		右侧电机	
	旋转方向	转速	旋转方向	转速
前	正	100	反	100
后	反	100	正	100
左	正	50	反	100
右	正	100	反	50

4. 设置遥控器上的掌控板的 P 键（或其他触摸按键）为舵机触发按键，当用户触摸按键时发送信息“5”。小车接收信号“5”后，改变舵机角度，完成“投篮”动作。

11.5.5 组装与调试

写入程序后，首先检查遥控器是否能正常发送信号，可依据控制台输出或遥控器上 LED 的颜色判断。然后检查“投篮高手”上的掌控板能否正确接收信号，且根据信号进行相应的操作，具体包括：（1）灯是否点亮对应颜色？（2）车转动方向是否符合预期？（3）篮球是否顺利投射？检查无误后，就可将各部件拼装固定。

11.6 迭代与升级

每一件初创作品都有很大的改进空间，在制作过程中，大家一定能意识到作品的不足之处，那么，可以采用什么方式去进行改进呢？请在表 11-2 中进行记录。

表 11-2 作品优化记录表

不足之处	改进措施

11.7 分享与评价

11.7.1 我的分享

创客的精神在于分享，请你为别人展示、分享自己的作品，说一说你对该作品最满意的部分，并在表 11-3 中进行记录。

表 11-3 作品分享陈述表

分享内容	作品的创新点	
	作品的功能演示	
	在作品制作过程中的反思	
如何分享	分享展示，需要做哪些准备	
	我的分享重点	

11.7.2 我的反思

在项目实现过程中，我遇到了一些问题，在表 11-4 中记录遇到的问题和解决办法，便于以后出现类似问题时能更好地应对。

表 11-4 作品反思记录表

遇到的问题	解决办法

11.7.3 我的评价

请拿出你的画笔，在表 11-5 中填涂对自己的评价等级，5 颗星表示卓越，4 颗星表示优秀，3 颗星表示良好，2 颗星表示一般，1 颗星表示继续努力。

表 11-5 学习评价表

评价维度	评价标准	我的星数
项目作品	我能掌握摇杆传感器、无线广播的原理和使用技巧	☆☆☆☆☆
	我的遥控器程序简洁，逻辑清晰，测试正常能实现预期功能	☆☆☆☆☆
	我的“投篮高手”程序简洁，逻辑清晰，测试正常能实现预期功能	☆☆☆☆☆
	我的作品结构搭建合理，运行稳定，投射装置可以顺利投出篮球，是名副其实的投篮达人。	☆☆☆☆☆
学习表现	制作过程中，我能主动探索，遇到问题积极主动解决。我善于通过各种途径解决问题。	☆☆☆☆☆
	我能与其他同学团结协作，共同解决问题，分享交流。	☆☆☆☆☆
	基础功能完成后，我仍然想对“投篮高手”或遥控器思考改进，尝试制作功能更完善的“投篮高手”及遥控器。	☆☆☆☆☆
	作品交流展示活动中，我能带着欣赏的眼光评价同伴作品，学习同伴好的创意想法，进而完善自己的作品。	☆☆☆☆☆

第 12 章　猫头鹰闹钟

每天早上，小朋友要早起上学，大朋友要早起上班。每天准时起床才能够在规定的时间内到达上学、上班的地点，需要设定闹钟提醒起床时间，这时闹钟（见图 12-1）的重要性就凸显出来了。有了掌控板、掌控宝和创客马拉松套件，我们也能设计、制作出一款自己心仪的闹钟。

图12-1　生活中常见的闹钟

12.1　项目分析

如图 12-2 所示，要设计、制作一个猫头鹰闹钟，我们必须要解决四大问题：一是要设计一个控制装置，实现对猫头鹰闹钟关闭的控制；二是能获取实时时间，用以显示当前时间；三是能实现语音提示播报；四是完成猫头鹰外形的设计。

图12-2　猫头鹰闹钟案例

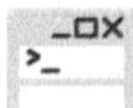

12.2 提出问题

12.2.1 问题清单

科学（S）	超声波测距的原理是什么？
技术（T）	（1）如何获取当前的时间并显示？ （2）如何语音播报指定文字？ （3）如何实现猫头鹰闹钟的关闭？
工程（E）	（1）如何设计、制作猫头鹰闹钟结构？ （2）如何使猫头鹰闹钟外部结构稳固？
艺术（A）	如何实现作品的小巧精致，如何进行外观的包装？
数学（M）	如何判断当前时间为闹铃时间？

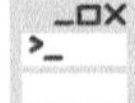

12.3 核心知识点

12.3.1 超声波传感器

超声波传感器（Ultrasonic Sensor）是将超声波信号转换成其他能量信号（通常是电信号）的传感器。超声波传感器有采用对射式检测模式的和采用直接反射式检测模式的，教育装备中主要采用直接反射式检测模式，位于传感器前面的被测物会将传感器发射端发射的超声波中的一部分反射回传感器的接收端，从而使传感器检测到被测物。超声波是振动频率高于 20kHz 的机械波，它具有频率高、波长短、绕射现象小，特别是方向性好、能够成为射线而定向传播等特点。超声波对液体、固体的穿透力很强。超声波碰到杂质或分界面会产生显著反射形成反射回波，碰到活动物体能产生多普勒效应。图 12-3 所示的超声波传感器是科技模型和教育装备中常见的一种采用直接反射式检测模式的超声波传感器。

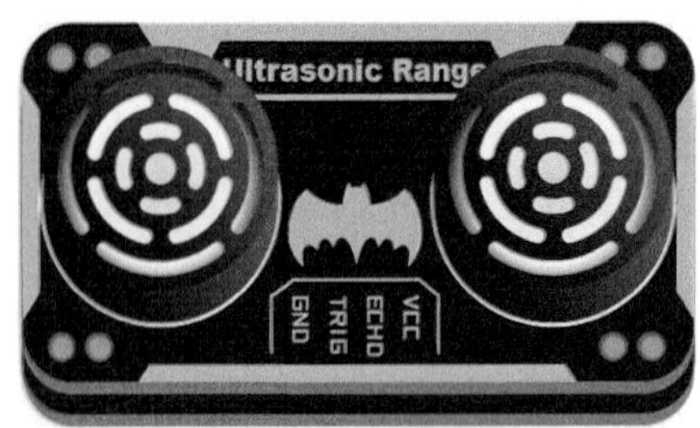

图12-3　超声波传感器

12.3.2　语音合成（TTS）

TTS 是 Text To Speech 的缩写，即“从文本到语音”，是人机对话的一部分，将文本转化为语音，让机器能够说话。掌控板的在线语音合成功能使用了讯飞在线语音合成 API，如图 12-4 所示，用户在使用该功能前，需要在讯飞开放平台注册并做相应的配置。

图12-4　讯飞开放平台在线语音合成

12.4　方案规划

12.4.1　功能分解

需求分析	所需元器件及主要策略	程序积木
需要设计一个猫头鹰闹钟的关闭装置。	可以用传感器或者编程实现，案例中用超声波传感器控制闹钟的关闭。	I2C超声波
需要在 OLED 显示屏上显示当前时间。	可以利用获取年、月、日等时间的积木编程实现。	本地时间 年
需要获取时间，当到达指定时间时发出闹铃声并且发出语音提示。	获取时间可以用 Wi-Fi 积木实现，可以用 TTS 相关积木编程实现发出语音提示。	连接 Wi-Fi 名称 “my_wifi” 密码 “1234” 同步网络时间 时区 东8区 授时服务器 time.windows.com 音频 初始化 设音频音量 100 音频 播放 “http://wiki.labplus.cn/images/4/4e/Music_test.mp3” [讯飞语音] 合成音频 APPID “ ” APISecret “ ” APIKey “ ” 文字内容 “ ” 转存为音频文件 “tts.pcm”

续表

需求分析	所需元器件及主要策略	程序积木
需要设计、制作闹钟的结构。	可以用套件内的金属结构件或生活中的废弃物进行制作。	

12.4.2 方案构思

草图设计	设计意图
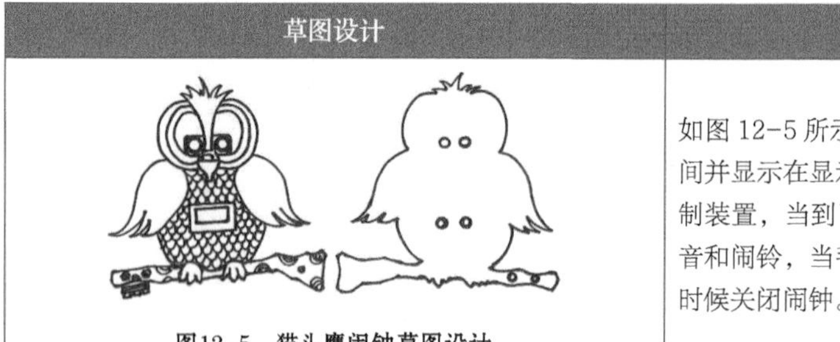 图12-5 猫头鹰闹钟草图设计	如图 12-5 所示，利用 Wi-Fi，实时获取当前的时间并显示在显示屏上，用超声波传感器作闹钟的控制装置，当到了指定时间时采用 TTS 技术播放语音和闹铃，当手距离超声波传感器不超过 20cm 的时候关闭闹钟。
其他功能： 作为闹钟，可以很好地实现时钟的功能，借助超声波传感器也可以完成一些测距工作，并在 OLED 显示屏上进行显示。	

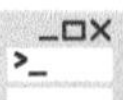

12.5 项目实施

12.5.1 超声波测试

将超声波传感器接在掌控宝的 I^2C 端口，编写图 12-6 所示的程序，我们可以在 OLED 显示屏上获取障碍物和传感器之间的距离。故而，我们可以通过超声波传感器测量的距离来控制闹钟的关闭。

图12-6 获取超声波测距数值

12.5.2 语音合成测试

使用语音合成功能前首先要连接网络，如图 12-7 所示，设置 Wi-Fi 名称与密码，然后需要设置语音播放相关指令，其中需要填写在讯飞开放平台中获取的 APPID、

APISecret 和 APIKey，以及播报的语音文字等相关信息。最后在程序中执行音频播放就可以实现掌控板语音播报设定好的文字内容（详细步骤见盛思官方论坛）。

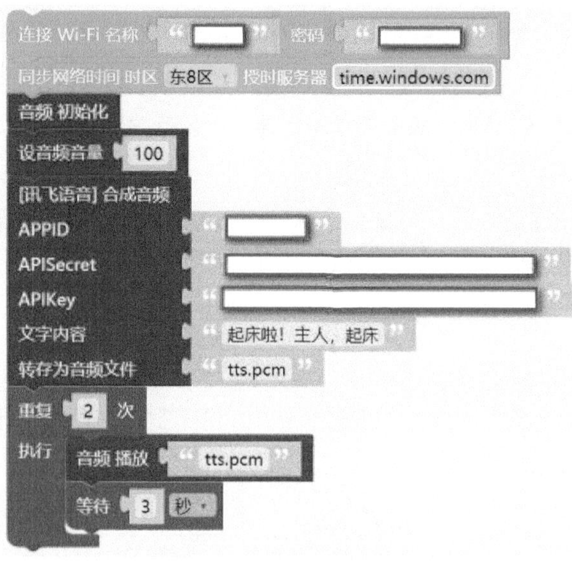

图12-7　TTS语音播放测试

12.5.3　结构搭建

1. 用 M4 × 8mm 螺丝将图 12-8 所示的两个结构件进行固定。

2. 在猫头鹰造型的底座两边合适位置使用电钻打孔，用 M4 × 10mm 螺丝将结构件和猫头鹰造型木板组合，如图 12-9 所示。

图12-8　制作两侧固定

图12-9　制作超声波传感器固定结构

3. 在猫头鹰造型的背景板合适位置使用电钻打孔，用尼龙铆钉 S4090 将掌控板、掌控宝固定在两块猫头鹰造型的木板中间，如图 12-10 所示，并使掌控板 OLED 显示屏从猫头鹰肚子处露出。

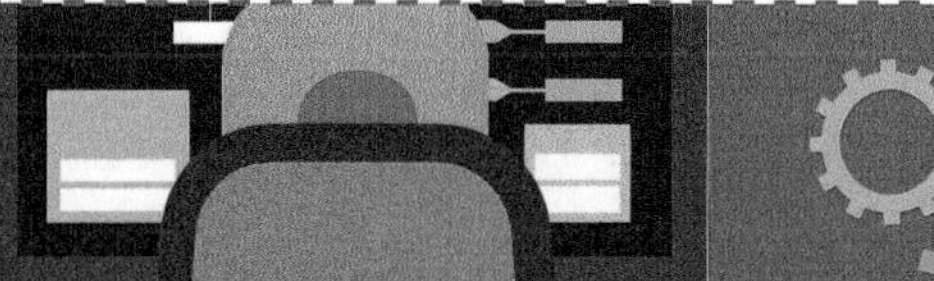

4. 使用 M4×8mm 螺丝将图 12-11 所示的两个结构件进行固定，从而制作出超声波传感器和猫头鹰造型之间的固定结构。

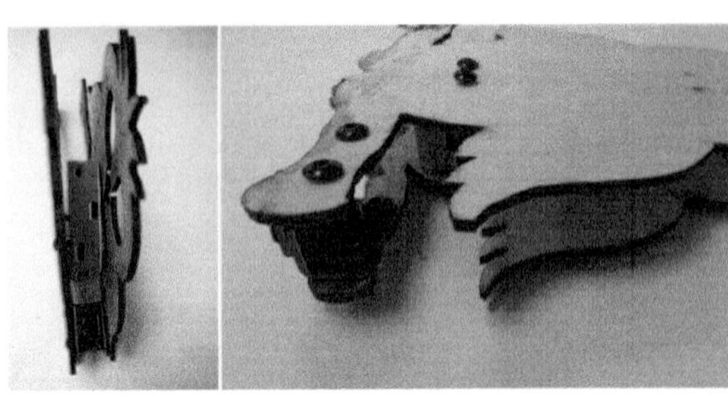

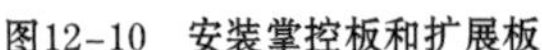

图12-10　安装掌控板和扩展板

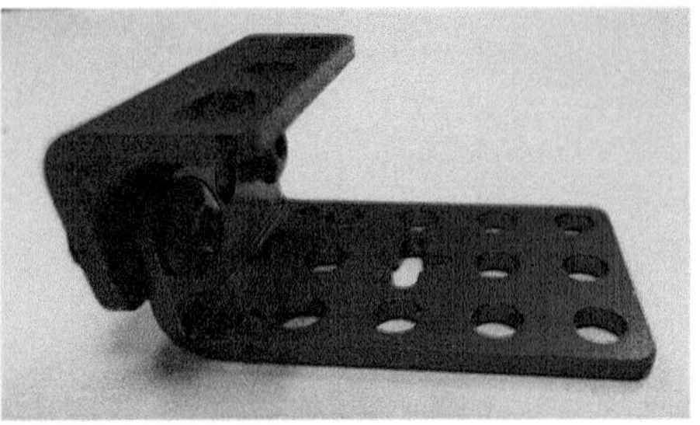

图12-11　固定结构

5. 在猫头鹰造型的正面板和背景板合适的位置使用电钻打孔，然后用尼龙铆钉 S4060 将背景板、超声波传感器和上一步中制作的固定结构进行固定。最后使用 M4×10mm 螺丝将结构件和正面板固定，如图 12-12 所示。

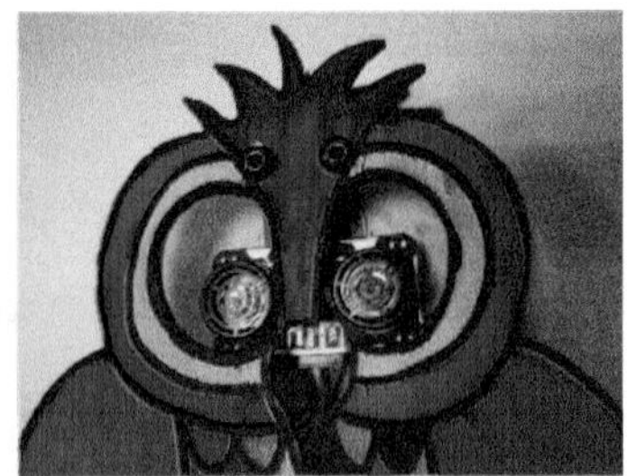

图12-12　固定超声波传感器

12.5.4　电路连接

将超声波传感器接在掌控宝的 I²C 接口上，如图 12-13 所示。

图12-13　电路连接

12.5.5 程序编写

完整程序如图 12-14 所示。

图12-14 猫头鹰闹钟的程序

12.5.6 程序解读

1. 设置 Wi-Fi 连接

设置当前可接收到的 Wi-Fi 的账号及密码。

2．设置语音播放

首先在程序中设置讯飞语音相关，填写 APPID、APISecret、APIKey 以及文字内容等相关信息。然后设定语音播放相关条件，设定当到达指定时间时进行语音播放。

3．OLED 显示屏幕显示当前时间

获取本地时间，将时、分、秒分别转化成文本赋值给 hour、minute、second 这 3 个变量，在屏幕 x=6、y=17 的位置显示时和分，在屏幕 x=120、y=50 的位置显示秒。

4．猫头鹰闹钟闹铃的关闭

根据障碍物和超声波传感器之间的距离判断是否关闭猫头鹰闹钟。当超声波测距的值小于 20 时，关闭猫头鹰闹钟。

12.5.7　组装与调试

写入程序后，感受一下猫头鹰闹钟的功能和我们预期的有差距吗？有没有可以改进的地方呢？

12.6　迭代与升级

每一件初创作品都有很大的改进空间，在制作过程中，大家一定能意识到作品的不足之处，那么可以采用什么方式去进行改进呢？请在表 12-1 中进行记录。

表 12-1　作品优化记录表

不足之处	改进措施

12.7 分享与评价

12.7.1 我的分享

创客的精神在于分享，请你为别人展示、分享自己的作品，说一说你对该作品最满意的部分，并在表12-2中进行记录。

表12-2 作品分享陈述

分享内容	作品的创新点	
	作品的功能演示	
	在作品制作过程中的反思	
如何分享	分享展示，需要做哪些准备	
	我的分享重点	

12.7.2 我的反思

在项目实现过程中，我们遇到了一些问题，在表12-3中记录遇到的困难和解决办法，便于以后出现类似问题时能更好地应对。

表12-3 作品反思记录表

遇到的困难	解决办法

12.7.3 我的评价

请拿出你的画笔，在表12-4中填涂对自己的评价等级，5颗星表示卓越，4颗星表示优秀，3颗星表示良好，2颗星表示一般，1颗星表示继续努力。

表 12-4 学习评价表

评价维度	评价标准	我的星数
项目作品	我能使用超声波传感器测距功能，实现闹钟铃声的关闭	☆☆☆☆☆
	我能掌握使用 Wi-Fi 模块获取实时时间的方法，并能用 OLED 显示屏进行显示	☆☆☆☆☆
	我能够使用 TTS 技术播放出指定内容	☆☆☆☆☆
	我的程序设计合理，能实现预期功能	☆☆☆☆☆
	我的功能作品结构稳固，外观简洁，功能实用	☆☆☆☆☆
	我能编写在 OLED 显示屏上显示时间的程序，还能在主程序中调用	☆☆☆☆☆
学习表现	我能主动探索，遇到问题积极解决	☆☆☆☆☆
	我能与其他同学团结协作，分享交流	☆☆☆☆☆
	我能不断反思，形成一定的批判精神	☆☆☆☆☆

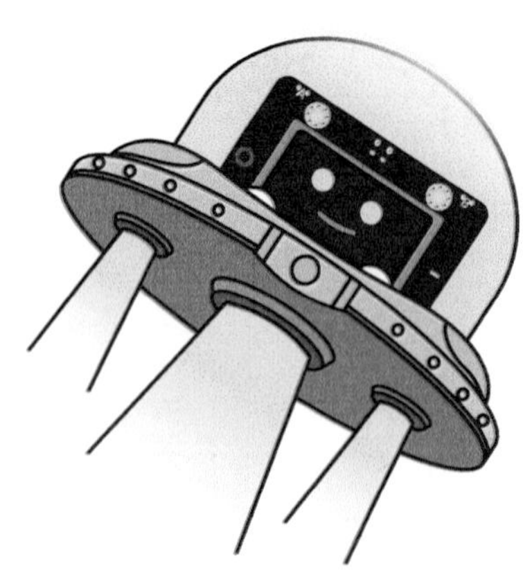

第 13 章　中国结气象站

中国结艺是中国特有的民间手工编结艺术，如图 13-1 所示，它以其独特的东方神韵、丰富多彩的变化，充分体现了中国人民的智慧和深厚的文化底蕴。中国结不仅造型优美、色彩多样，还有诸多祝福语如“吉庆有余”“福寿双全”“双喜临门”“吉祥如意”“一路顺风”与中国结相配，表示了热烈、浓郁的美好祝福，是赞颂以及传达衷心至诚的祈求和心愿的佳作。拥有了掌控板及掌控宝，为什么不尝试创作一款中国结互动作品来表达情感呢？

图13-1　大型中国结建筑

13.1　项目分析

如图 13-2 所示，要设计、制作一个“中国结气象站”，我们必须要解决两大问题：一是作品构造，是直接买一个中国结做外壳，还是通过板材等进行加工得到；二是功能实现，我们需要结合实际生活，设计生活中用得上的功能。

图13-2　中国结气象站案例

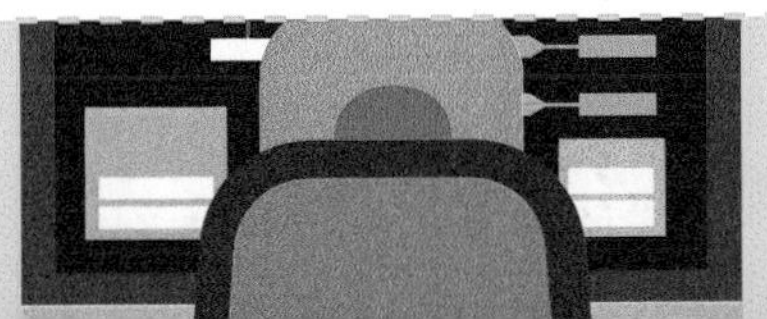

13.2 提出问题

13.2.1 问题清单

科学（S）	制作会用到哪些气象知识？
技术（T）	（1）如何获取天气信息？ （2）如何设计程序？
工程（E）	（1）如何将中国结同掌控板结合？ （2）在制作上，该选择什么样的材料？
艺术（A）	如何在作品上呈现文化、历史、艺术等信息？
数学（M）	该如何选择结构件？

13.3 核心知识点

13.3.1 温湿度

温度是表示物体冷热程度的物理量，微观上来讲是物体分子热运动的剧烈程度。湿度，表示大气干燥程度的物理量。在一定的温度下在一定体积的空气里含有的水汽越少，则空气越干燥；水汽越多，则空气越潮湿。人体感觉舒适的湿度是：相对湿度低于 70%。

温湿度传感器（见图 13-3）是传感器其中的一种，是把空气中的温度和湿度通过一定检测装置，按一定的规律变换成电信号或其他所需形式的信息输出。

图13-3 温湿度传感器

13.3.2 连续纹样

连续纹样，顾名思义，即以一个单位重复排列形成的无限循环、连续不断的图案。连续纹样一般有二方连续纹样和四方连续纹样两种形式。

二方连续纹样如图 13-4 所示，是指一个单位纹样向上下或左右方向反复连续循环排列，产生优美的、富有节奏和韵律感的横式或纵式的带状纹样，亦称花边纹样。设计时要仔细推敲单位纹样中形象的穿插、大小错落、简繁对比、色彩呼应及连接点处的再加工。二方连续纹样广泛用于建筑、书籍装帧、包装袋、服饰边缘、装饰间隔等。

图13-4 二方连续纹样

四方连续纹样是以一个图案单元作上、下、左、右 4 个方向的边疆排列和不断延伸所得的纹样。四方连续纹样通常用于花布、包装纸、墙纸、地砖等大面积装饰。四方连续纹样的构成方式有散点构成、错位构成和重叠构成等（见图 13-5）。

图13-5 四方连续纹样剪纸纹样

13.3.3 掌控板物联网

掌控板物联网是一款为掌控板设计的微信小程序，如图 13-6 所示，可以通过网络平台实现掌控板同微信小程序之间的数据收发。

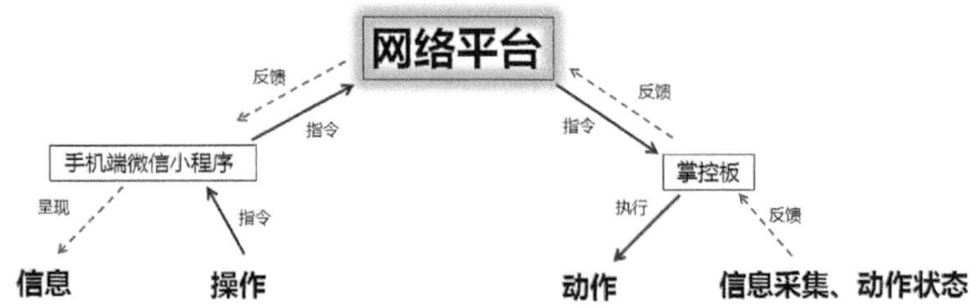

图13-6 微信小程序同掌控板物联架构分析

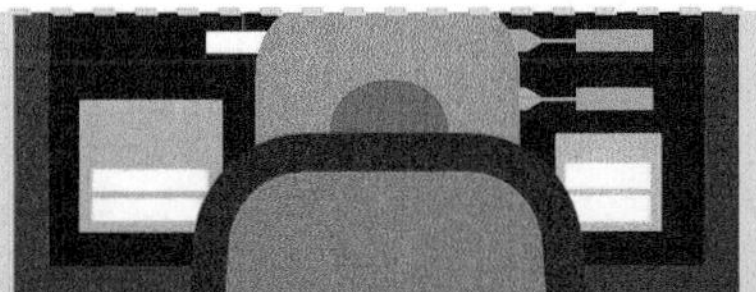

13.4 方案规划

13.4.1 功能分解

需求分析	所需元器件及主要策略	程序积木
需要一个圆形结构件，呈现中国结中间的表现内容，同时固定掌控板。	可以用较硬的板材、亚克力板、3D打印结构件等材料制作结构。	
一个中国结外壳。	需要适当尺寸中国结一个，可以从网上购买，或者采用激光切割木板、硬纸板制作。	
获取气象站的温度。	需要温 / 湿度传感器、微信小程序、Wi-Fi。	I2C 温度
由微信小程序向掌控板传递数据。	需要用到右图中的积木，进行编程。	当从小程序收到 name 和 value 时 执行 如果 name = “ data4 ” 执行 如果 value = 执行
将掌控板采集的数据发送给微信小程序。	利用右图中的模块，将某个固定的值或是变量等发送到微信小程序。	向 小程序 发送数据流 名称 “ data5 ” 值

13.4.2 方案构思

草图设计	设计意图
 图13-7　中国结气象站草图设计	如图 13-7 所示，利用中国传统连续纹样绘图，体现传统文化及艺术之美。添加“学富五车”字样，把它放在家中，鼓励小朋友积极进取。
其他功能： 用手机的微信小程序可以直接点亮放在门口、走廊等位置的“中国结气象站”，虽然掌控板亮度有限，但是足以提供夜间照明。	

13.5 项目实施

13.5.1 制作中国结中间的连接结构件

如图 13-8 所示，利用手边可以找到的材料制作一个中间的衔接结构，留好孔径安装掌控板及掌控宝。同时，为了衬托中国结，这里采用中国连续传统纹样绘图，并添加合适的颜色及文字。

图13-8 为结构件添加颜色和文字

13.5.2 安装掌控板

如图 13-9 所示，利用螺栓将掌控板、掌控宝固定在结构件上。

图13-9 掌控板的固定

13.5.3 电路连接

将温湿度传感器同掌控宝的 I^2C 接口连接，如图 13-10 所示。

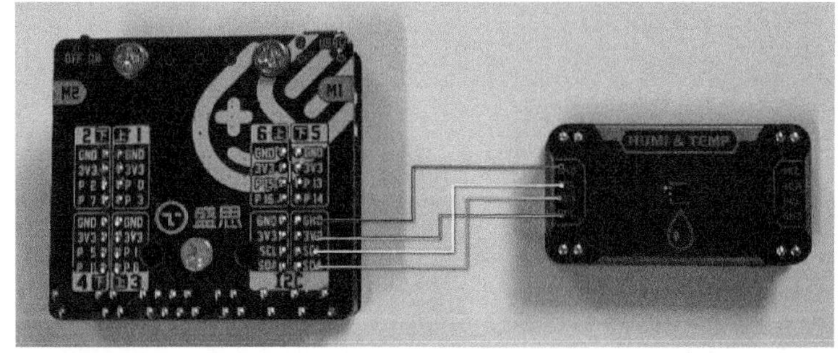

图13-10 电路连接

13.5.4 程序编写

1．微信小程序设置

（1）如图 13-11 所示，在微信小程序中搜索掌控板物联网，以微信用户或其他形式登录，添加掌控板，填写掌控板名称和掌控板 OLED 显示屏右下角的 MAC 地址，如果是专家签名版，可以在 mPython 中，通过显示、打印的方式得到 MAC 地址。

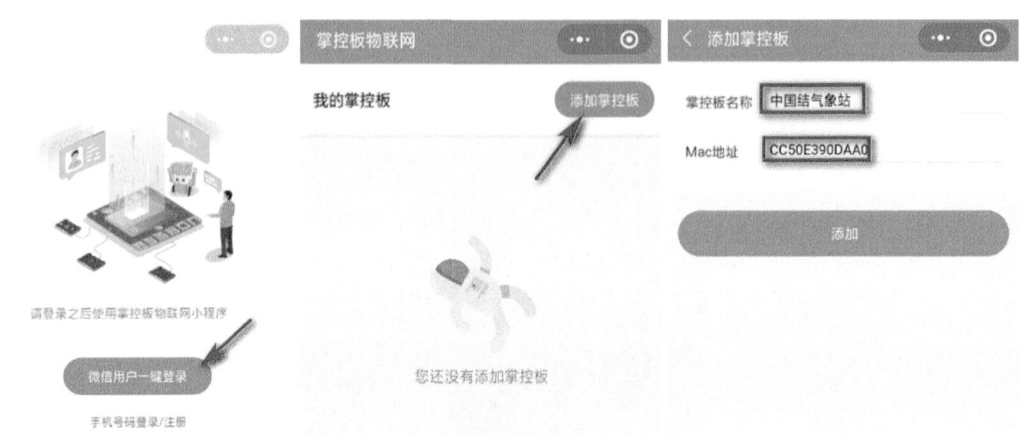

图13-11 登录掌控板物联网

（2）如图 13-12 所示，单击“配置”，弹出添加应用对话框，单击“添加应用”（如果不是首次使用，会有原有应用名称，如图中方框所示），为应用起个名称，单击“确定”完成操作。

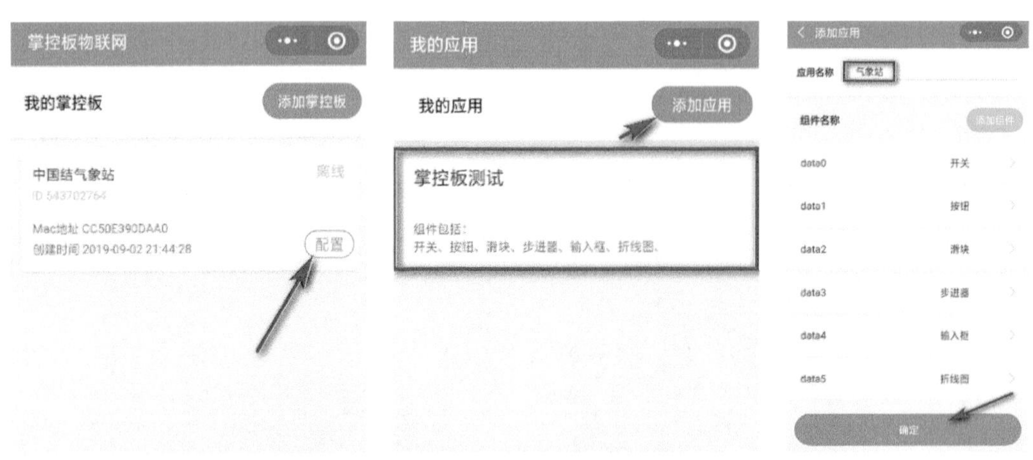

图13-12 进行应用配置

如图 13-13 所示，单击“气象站”，会发现此时应用处于离线状态。

图13-13　应用程序状态显示

如图 13-14 所示，回到 mPython 编程软件，单击软件右上角登录键，填写手机号和密码登录（初始密码为 123456），然后我们可以发现模块区微信小程序里出现了“中国结气象站”的应用，同时后台直接配置了设置里的各项数据。

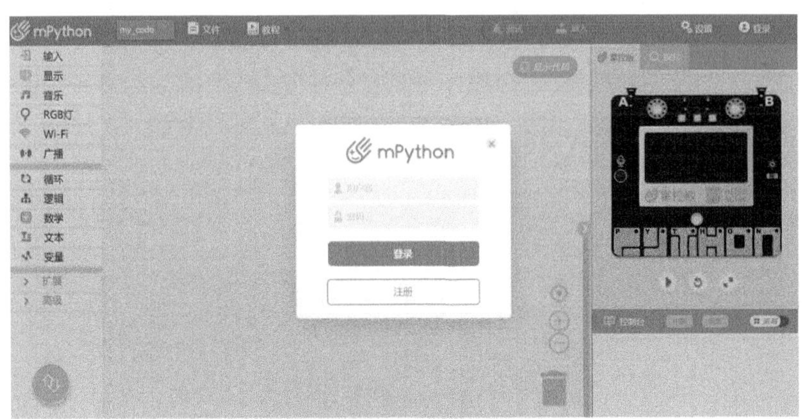

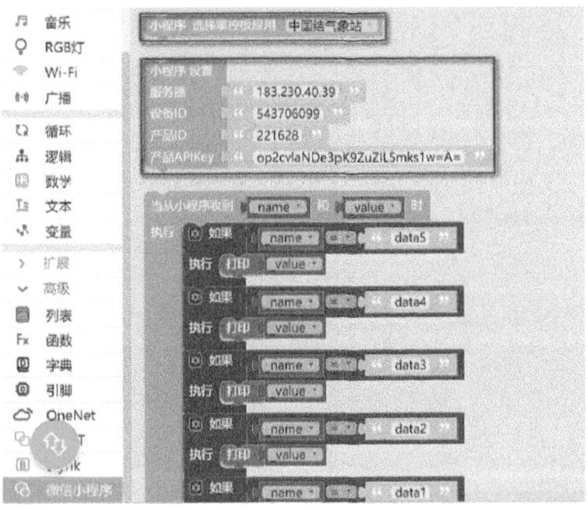

图13-14　软件端的登录

2．掌控板部分程序编写

详细程序如图 13-15 所示。

```
连接 Wi-Fi 名称 " " 密码 " "
小程序 选择掌控板应用 中国结气象站
小程序 设置
服务器 "183.230.40.39"
设备ID "543706099"
产品ID "221628"
产品APIKey "op2cvlaNDe3pK9ZuZIL5mks1w=A="
当从小程序收到 _name 和 _value 时
执行 如果 _name = "data4"
  执行 如果 value = "开灯"
    执行 设置 所有 RGB 灯颜色为 R 200 G 200 B 200
         OLED 显示 清空
         OLED 第 4 行显示 "灯已点亮" 模式 普通
         OLED 显示生效
  如果 value = "关灯"
    执行 设置 所有 RGB 灯颜色为 R 0 G 0 B 0
         OLED 显示 清空
         OLED 第 4 行显示 "灯已关闭" 模式 普通
         OLED 显示生效
一直重复
执行 将变量 Tem 设定为 I2C 温度
     将变量 Hum 设定为 I2C 湿度
     OLED 显示 清空
     向小程序 发送数据流 名称 "data5" 值 Tem 保留 2 位小数
     OLED 第 1 行显示 "中国结气象站" 模式 普通
     OLED 第 2 行显示 "当前温度" 追加文本 Tem 保留 2 位小数 追加文本 "摄氏度" 模式 普通
     OLED 第 3 行显示 "当前湿度" 追加文本 Hum 保留 2 位小数 追加文本 "%" 模式 普通
     OLED 显示生效
```

图13-15　掌控板部分的程序

13.5.5　程序解读

1．连接 Wi-Fi

在“连接 Wi-Fi”模块中填写对应的账号和密码。

2．进行小程序设置

直接从物联网微信小程序模块中调出“选择掌控板应用”和“设置”两个积木，相关数据已经由后台直接生成。

3. 编写手机开关灯程序

通过“data4”的数据值做判断，如果值为“开灯”，掌控板板载 RGB LED 亮白灯；如果值为“关灯”，掌控板板载 RGB LED 熄灭。

4. 获取温湿度值

利用掌控板板载 OLED 显示屏显示温湿度，同时将温度数据发送到手机端。

13.5.6 组装与调试

写入程序后，检查图 13-13 中的“离线”是否变成在线，OLED 显示屏是否显示了预期的设置？同时，如图 13-16 所示，在“data4”的发送框中发送“开灯”，看一看，掌控板的板载 RGB LED 是否亮起？如果没有问题，就能进行最后的组装了。

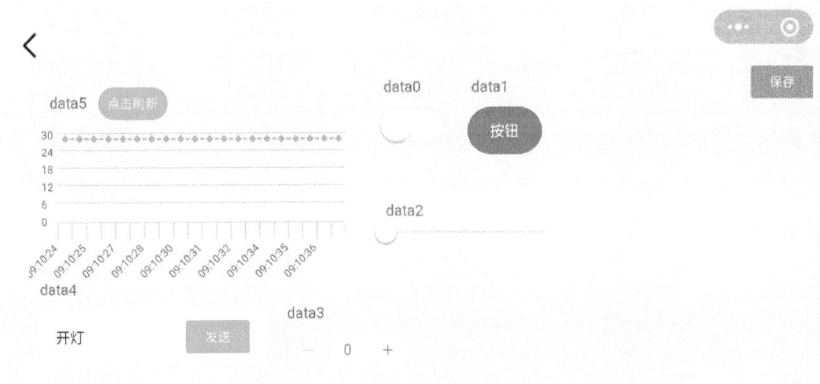

图13-16 用掌控板物联网微信小程序发送数据

13.6 迭代与升级

每一件初创作品都有很大的改进空间，在制作过程中，大家一定能意识到作品的不足之处，那么可以采用什么方式去进行改进呢？请在表 13-1 中进行记录。

表 13-1 作品优化记录表

不足之处	改进措施

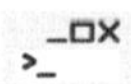

13.7 分享与评价

13.7.1 我的分享

创客的精神在于分享，请你为别人展示、分享自己的作品，说一说你对该作品最满意的部分，并在表 13-2 中进行记录。

表 13-2 作品分享陈述表

分享内容	作品的创新点	
	作品的功能演示	
	在作品制作过程中的反思	
如何分享	分享展示，需要做哪些准备	
	我的分享重点	

13.7.2 我的反思

在项目实现过程中，我遇到了一些问题，在表 13-3 中记录遇到的问题和解决办法，便于以后出现类似问题时能更好地应对。

表 13-3 作品反思记录表

遇到的问题	解决办法

13.7.3　我的评价

请拿出你的画笔，在表 13-4 中填涂对自己的评价等级，5 颗星表示卓越，4 颗星表示优秀，3 颗星表示良好，2 颗星表示一般，1 颗星表示继续努力。

表 13-4　学习评价表

评价维度	评价标准	我的星数
项目作品	我能掌握温湿度传感器及微信小程序的使用方法	☆☆☆☆☆
	我的程序设计合理，能实现预期功能	☆☆☆☆☆
	我的作品有较好的艺术表现力，能同传统文化进行一定的结合	☆☆☆☆☆
学习表现	我能主动探索，遇到问题积极解决	☆☆☆☆☆
	我能与其他同学团结协作，分享交流	☆☆☆☆☆
	我能在制作中发现问题，不断反思，形成一定的批判精神	☆☆☆☆☆

第 14 章　智能房屋

经过一整天繁忙的工作或学习后，总希望回到家中不是一片黑暗，自己心爱的植物不是垂头丧气。有了掌控板、掌控宝和创客马拉松套件，我们可以设计出一幢温馨体贴的“智能房屋”（见图 14-1），来解决这些问题。

图14-1　市场上的智能房屋

14.1　项目分析

图14-2　智能房屋案例

如图 14-2 所示，要设计、制作出一幢智能房屋，我们必须要解决三大问题：一是通过微信小程序控制房屋中灯光的开关；二是检测土壤湿度，并将数值上传到微信小程序中；三是获得土壤湿度值后，判断土壤湿度情况，适时提醒。

14.2　提出问题

14.2.1　问题清单

科学（S）	培养某一植物，土壤的湿度为多少最适宜呢？
技术（T）	（1）如何检测土壤湿度？ （2）如何将检测到土壤湿度数值同步到微信小程序中？ （3）如何由微信小程序向掌控板传递数据？
工程（E）	（1）如何搭建一座“木制”房屋？ （2）如何使房屋较为坚固？
艺术（A）	如何使搭建的房屋造型美观？
数学（M）	土壤湿度传感器的测量范围是多少？

14.3　核心知识点

14.3.1　土壤湿度传感器

土壤湿度传感器（Soil Moisture Sensor）主要用来测量土壤中的相对含水量（见图14-3）。其探头埋在作物根部的土壤中，用于监测根部土壤的水分。土壤湿度传感器工作原理是 FDR（Frequency Domain Reflectometry）频域反射原理，利用电磁脉冲，根据电磁波在介质中的传播频率来测量土壤的表观介电常数，从而得到土壤相对含水量。

图14-3　土壤湿度传感器

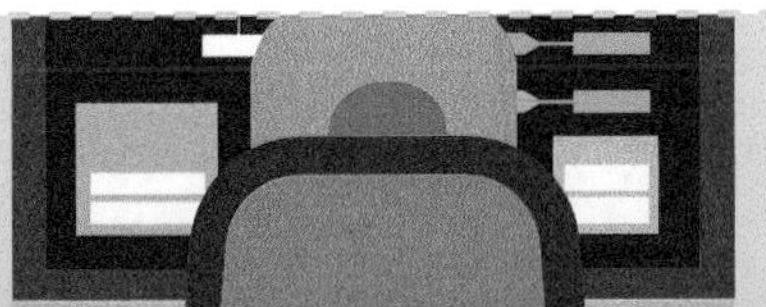

14.4 方案规划

14.4.1 功能分解

需求分析	所需元器件及主要策略	程序积木
需要设计并制作一座房屋模型。	可以使用冰棒棍或者生活中的废弃物实现。	
获取土壤湿度值。	需要土壤湿度传感器。	土壤湿度 模拟值 引脚 P0
由微信小程序向掌控板传递数据。	需要用到右图中的积木，进行编程。	当从小程序收到 name 和 value 时 执行 如果 name = "data4" 执行 如果 value = 执行
将掌控板采集的数据发送给微信小程序。	利用右图中的积木，将某个固定的值或是变量发送到微信小程序。	向小程序 发送数据流 名称 "data5" 值

14.4.2 构思方案

草图设计	设计意图
图14-4 智能家居模型草图设计	如图 14-4 所示，利用不同尺寸和颜色的冰棒棍进行房屋搭建，一方面加强动手能力，另一方面加强“智”造能力。用手机的微信小程序点亮“家中”的灯，回家时不再一片漆黑；还可以通过微信小程序查看“家中”植物土壤湿度，就不会因为忘记浇水而使植物垂头丧气甚至枯萎了。
其他功能： 可以增加风扇、电子门禁等设备，利用微信小程序进行远程控制。	

14.5 项目实施

14.5.1 测试土壤湿度传感器

将土壤湿度传感器接在掌控宝的 P0 端口，编写如图 14-5 所示程序，我们发现在

OLED 显示屏上显示出当前的土壤湿度。

图14-5 获取土壤湿度数值

14.5.2 结构搭建

1. 使用 180mm × 10mm × 2mm 的冰棒棍搭建房屋底部地基，如图 14-6 所示。
2. 使用 93mm × 10mm × 2mm 的冰棒棍制作房屋的主体部分，如图 14-7 所示。

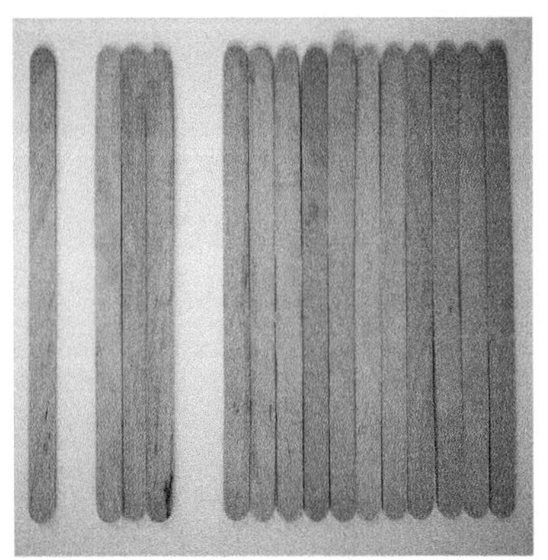

图14-6 房屋地基

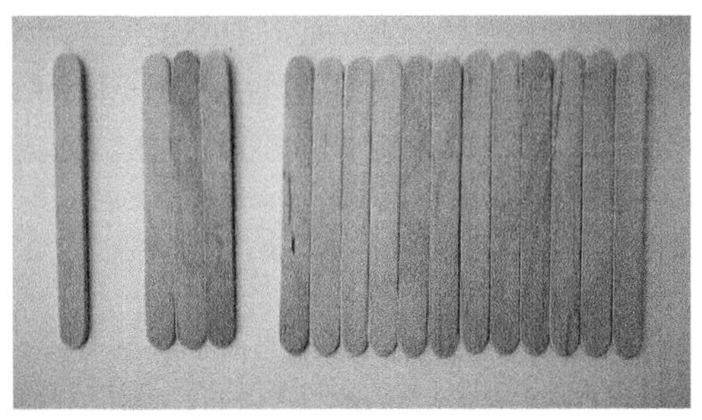

图14-7 房屋主体部分基本造型

3. 将 93mm × 10mm × 2mm 的黄色和绿色冰棒棍裁剪成合适大小，制作房屋栅栏，如图 14-8 所示。

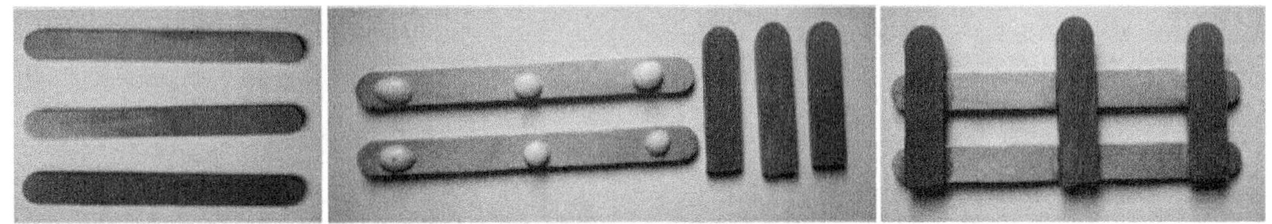

图14-8 房屋栅栏

4. 使用 48mm × 2mm × 2mm 的彩色火柴棒制作房屋的窗户，如图 14-9 所示。

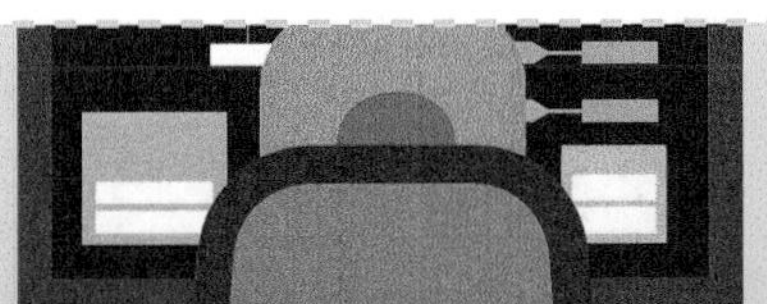

图14-9　房屋的窗户

5. 将制作好的房屋的各个部件进行拼装，形成完整的房屋，如图 14-10 所示。

图14-10　房屋整体外形构造

6. 用 S4090 尼龙铆钉固定传感器以及掌控板和掌控宝，如图 14-11 所示。

图14-11　房屋完整构造

14.5.3　电路连接

将土壤湿度传感器接在掌控宝的 P0 端口上，如图 14-12 所示。

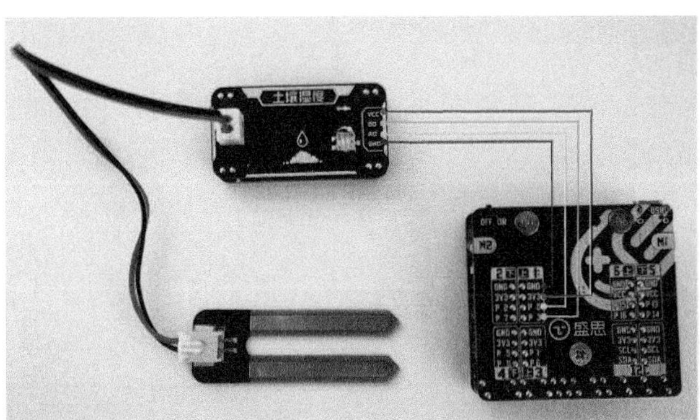

图14-12　电路连接

14.5.4　程序编写

完整程序如图 14-13 所示。

```
连接 Wi-Fi 名称 “ ” 密码 “ ”
同步网络时间 时区 东8区 授时服务器 time.windows.com
小程序 选择掌控板应用 家居
小程序 设置
服务器 “183.230.40.39”
设备ID “538836803”
产品ID “221628”
产品APIKey “ZY=9u=jlusU0pg9EkQKE8L7B4o0=”
当从小程序收到 name 和 value 时
执行 如果 name = “data0”
  执行 如果 value = 1
    执行 设置 所有 RGB 灯颜色为
  如果 value = 0
    执行 关闭 所有 RGB 灯
一直重复
执行 向小程序发送数据流 名称 “data5” 值 土壤湿度 模拟值 引脚 P0
  OLED 显示 清空
  OLED 第 2 行显示 “当前土壤湿度为:” 追加文本 转为文本 int 土壤湿度 模拟值 引脚 P0 模式 普通
  如果 土壤湿度 模拟值 引脚 P0 ≤ 300
  执行 OLED 第 3 行显示 “主人，我需要浇水啦” 模式 普通
  如果 土壤湿度 模拟值 引脚 P0 ≥ 700
  执行 OLED 第 4 行显示 “主人，我已经喝饱啦” 模式 普通
  OLED 显示生效
```

图14-13　智能家居的程序

14.5.5　程序解读

1．连接 Wi-Fi

在“连接 Wi-Fi”模块中填写对应的账号和密码。

2．使用微信小程序控制 RGB 灯的开、关

通过“data0”的值做判断，如果值为“0”，掌控板板载 RGB LED 熄灭；如果值为“1”，掌控板板载 RGB LED 亮白灯。

3．通过微信小程序查看土壤湿度传感器获取的土壤湿度数值

向微信小程序发送土壤湿度的数据流，从微信小程序中的“data5”查看土壤湿度情况。

4．掌控板显示提示语

使用逻辑判断语句，通过 OLED 显示屏显示在不同土壤湿度情况下给予的相应提示。

14.5.6 组装与调试

写入程序后，检查 OLED 显示屏是否显示了预期的设置？同时，如图 14-14 所示，将“data0”拨到“开”的状态，看一看，掌控板的板载 RGB LED 是否亮起？查看“data5”中的数据，单击“刷新”，看一看数据是否正常显示？如果没有问题，就能进行最后的组装了。想一想目前的功能和我们预期的有差距吗？有哪些需要注意的事项？我们还可以怎么进一步完善？

图14-14　用掌控板物联网微信小程序发送数据

14.6 迭代与升级

每一件初创作品都有很大的改进空间，在制作过程中，大家一定能意识到作品的不足之处，那么，可以采用什么方式去进行改进呢？请在表 14-1 中进行记录。

表 14-1 作品优化记录表

不足之处	改进措施

14.7 分享与评价

14.7.1 我的分享

创客的精神在于分享，请你为别人展示、分享自己的作品，说一说你对该作品最满意的部分，并在表 14-2 中进行记录。

表 14-2 作品分享陈述表

分享内容	作品的创新点	
	作品的功能演示	
	在作品制作过程中的反思	
如何分享	分享展示，需要做哪些准备	
	我的分享重点	

14.7.2 我的反思

在项目实现过程中，我遇到了一些问题，在表 14-3 中记录遇到的困难和解决办法，便于以后出现类似问题时能更好地应对。

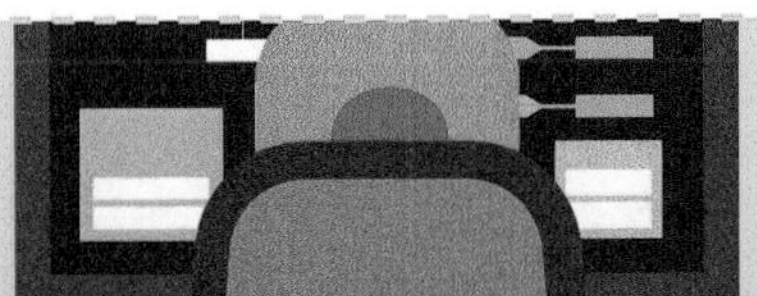

表 14-3　作品反思记录表

遇到的困难	解决办法

14.7.3　我的评价

请拿出你的画笔，在表 14-4 中填涂对自己的评价等级，5 颗星表示卓越，4 颗星表示优秀，3 颗星表示良好，2 颗星表示一般，1 颗星表示继续努力。

表 14-4　学习评价表

评价维度	评价标准	我的星数
项目作品	我能从掌控板 OLED 显示屏和微信小程序中了解土壤含水量情况	☆☆☆☆☆
	我能使用微信小程序控制掌控板板载 RGB LED 的开关	☆☆☆☆☆
	我的程序设计合理，能实现预期功能	☆☆☆☆☆
	我的房屋构造合理，较为牢固，外观简洁、功能实用	☆☆☆☆☆
学习表现	我能主动探索，遇到问题积极解决	☆☆☆☆☆
	我能与其他同学团结协作，分享交流	☆☆☆☆☆
	我能不断反思，形成一定的批判精神	☆☆☆☆☆
	我善于创新，能给这件作品提供改进意见	☆☆☆☆☆

第 15 章　综合创作

同学们，通过前面掌控板、掌控宝及传感器的应用，大家了解了项目创作的一般流程，掌握了掌控板、掌控宝、创客马拉松套件及 mPython 的使用方法，接下来我们需要设计创作一款完全由团队自主创作的智能作品，开动小脑筋，动起来吧！

15.1　创作主题

掌控未来 物联生活

15.2　自主创意

围绕主题，通过网络搜索、咨询导师，采取联想法、缺点列举法、希望点列举法、逆向思维法、组合法等方法，合理提取设计元素，进行自主创意，并在表 15-1 中进行记录。

表 15-1　我的创意设计表

生活中需要解决的问题	想要设计的作品	智能设计应用场景描述
设计草图：		

15.2.1 头脑风暴

基于每个人的项目，小组讨论，通过思维碰撞，进行创意迭代，达成团队共识，形成团队制作项目主题，并在表 15-2、表 15-3 中进行记录。

表 15-2 创意设计记录表

创意名称	创意说明

表 15-3 小组共识

项目名称	
作品主要功能	
材料及工具	
要解决的核心问题	
可能遇到的问题	
作品主要创新点	

15.2.2 团队分工

在组长的组织下，进行创意的设计、制作、调试、展示等，在表 15-4 中记录。

表 15-4 小组分工记录表

小组名称	
组长	
组员姓名	具体分工

15.2.3 构思方案

通过前期的资料收集、小组合作探究，我们已经确定了项目创作方向，接下来我们可以规划项目设计方案，梳理创作过程，在表 15-5 中进行记录。

表 15-5 项目作品设计方案

项目设计	造型特征：
	功能特点：
	文化、学科融合：
项目准备	电子元器件：
	材料：
	工具：
	电路连接：
	程序编写：
注意事项：	

15.2.4 项目实施

电路连接：

实物搭建：

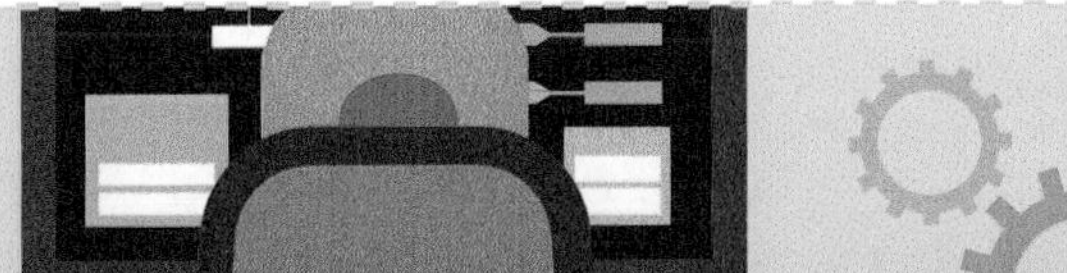

程序设计：

作品调试：

15.2.5 产品优化

在创意制作及调试期间，我们发现作品还有很多不足之处，可以在后面加以完善，实现迭代升级，在表 15-6 中进行记录。

表 15-6 作品不足与完善

不足之处	改进措施

15.2.6 展示计划

按照表 15-7 的思路，拟订作品展示计划，制作媒体材料，进行展示准备。

表 15-7 作品展示与陈述计划

由谁展示？	主讲人	
	辅助人	
展示什么？	（1）作品的功能演示	
	（2）作品的创新点	
	（3）在作品制作过程中的反思	
怎么展示？	（1）需要做哪些展示准备？	
	（2）展示的重点是什么？	

15.2.7 多元评价

通过设计制作智能项目，同学们在项目实施过程中一定收获满满，请大家对照表 15-8 进行评价。

表 15-8 项目评价表

评价指标	评价结果	评价者
提出有创意的点子，能设计详尽的可实施方案	□ A □ B □ C □ D	□自己□他人
积极参加活动并认真完成分工任务，能帮助小组中的其他成员	□ A □ B □ C □ D	□自己□他人
与小组成员互相协作、互相帮助，沟通良好，在项目实施过程中善于发现问题，寻求解决方案	□ A □ B □ C □ D	□自己□他人
作品外观造型有特色，程序设计能很好地实现功能，具有一定创新精神，得到了老师、同学的肯定	□ A □ B □ C □ D	□自己□他人
作品路演时积极参与，实践能力得到提升	□ A □ B □ C □ D	□自己□他人
综合评价：		

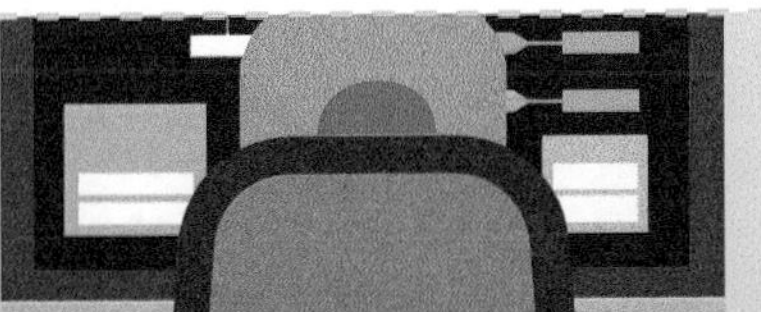